散货港口雨污水智能处理与资源化利用

贾建娜 等 著

科 学 出 版 社

北 京

内 容 简 介

针对散货港口雨污水处理与回用,本书首先梳理了国内外关于散货港口雨污水的来源与分类,归纳总结了雨污水处理与回用技术的相关研究进展,结合现场监测与调研,明晰了不同类型雨污水的水质水量特征,提出了分级分类资源化利用工艺流程;其次,为提升雨污水处理的智慧化水平,详细阐述了煤污水和矿石污水、含油污水、生活污水等不同类型污水智能处理与资源化利用技术,以及污泥回收利用技术;最后,在此基础上提出了通过数字化平台实现散货港口雨污水收集—处理—回用全过程智慧管控系统的方法和路径,并选取典型工程对散货港口雨污水智能处理与资源化高效利用进行了介绍。

本书可供从事散货港口水污染防治研究、设计及管理工作的人员以及大专院校有关专业师生阅读参考。

图书在版编目(CIP)数据

散货港口雨污水智能处理与资源化利用 / 贾建娜等著. -- 北京 : 科学出版社, 2025. 6. -- ISBN 978-7-03-081316-9

Ⅰ. X736.13

中国国家版本馆CIP数据核字第2025FM3230号

责任编辑:冯晓利 / 责任校对:王萌萌
责任印制:师艳茹 / 封面设计:无极书装

科 学 出 版 社 出版
北京东黄城根北街 16 号
邮政编码:100717
http://www.sciencep.com

北京市金木堂数码科技有限公司印刷
科学出版社发行 各地新华书店经销
*
2025 年 6 月第 一 版 开本:720 × 1000 1/16
2025 年 6 月第一次印刷 印张:12 3/4
字数:252 000
定价:140.00 元

撰 写 组

组　　　长：贾建娜

副 组 长：彭士涛　　南　军　　张凯磊　　邱　宁　　高胜军

撰写人员：赵　晴　　刘履震　　郑　鹏　　魏燕杰　　马国强

　　　　　　刘连坤　　董春明　　刘博涵　　段鑫越　　艾　佳

　　　　　　李　冬　　李增林　　姚同建　　史奇让　　张圣坤

　　　　　　王建波　　缪　捷　　褚　强　　王心海　　路　得

　　　　　　李美彤　　岳宗恺　　张一博　　车延涵

前　言

随着全球经济的快速发展和工业化进程的加速，煤炭、矿石等散货港口作为国家能源安全保供的关键环节和重要支撑，其环境保护问题日益凸显。据统计，大型散货港口生产作业过程年污水产生量超 500 万 t，若未经有效处理直接排放，将影响周边水体环境质量以及人类健康。散货港口雨污水污染防治工作一直以来受到交通运输和生态环境主管部门的高度重视，目前国内大型散货港口已经建设了相对完善的生产、生活污水治理基础设施，但仍面临运行维护和水资源循环利用的问题。散货港口喷淋抑尘用水需求量大，将雨污水高效智能处理后转化为可回用的水资源可以实现资源的可持续利用，将进一步降低港口运营成本，经济环境效益显著。近年来，随着"美丽中国""绿色转型"等国家重大战略的实施，对生态环境保护的要求不断提升。2019 年，中共中央、国务院发布《交通强国建设纲要》；2021 年，国家发展改革委联合九部门印发《关于推进污水资源化利用的指导意见》（发改环资〔2021〕13 号），这两项政策均对"绿色发展、节约集约、低碳环保"提出了更高要求。在此背景下，伴随着国家环境治理向更加精准化、智能化、资源化的方向发展，在已实施的散货港口污水治理工程基础上，进一步研究提升港口雨污水智能处理和资源化利用水平已成为实现港口高质量可持续发展的迫切需要。

本书以提升散货港口环境保护及雨污水资源化利用水平、建设可持续发展港口为总体目标，围绕港口雨污水智能处理与资源化高效利用中的瓶颈难题，建立了散货港口雨污水产生源强及多途径资源化利用理论，研究形成了多类异质雨污水高效处理及智能调控技术、资源化利用智能监控及优化调度技术等关键技术，并开发了基于三维可视化交互层的"来水—净水—储水—调水—用水"一体化智慧管控平台，实现了多元监测信息全覆盖、跨部门协同联动的散货港口雨污水资源化高效利用智能动态管控。

本书重点研究介绍了散货港口雨污水分级分类回用水质标准及智能处理调控技术、基于最小二乘支持向量机（LSSVM）分区管网流量预测的港区供水管网智能监测控制算法、多目标约束下港口水资源智慧调度及优化决策技术、污水收集沟链板式全自动清淤装备及基于压滤工艺的煤/矿泥回收利用技术等多项创新研究成果，主要技术指标领先于国内外同类技术，并已在镇江港、黄骅港、北部湾港、宁波舟山港、天津港等十多个沿海和内河港口转化应用。在长江非主流铁矿石最大贸易港镇江港转化应用，煤/矿石污水年回收量达到了50 万 t/a，支撑区域港口污染防治工作提档升级，服务长江经济带生态优先绿色发展，《新闻联播》曾对其相关经验成效进行了报道；在国内最大的煤炭下水港黄骅港转化应用，借助"两湖三湿地"实现了煤污水和压舱水智能处理回用及水资源智能调度，每年节约用水成本 2000 万元，支撑其成为全国首个"五星级"专业化干散货港口；在西部陆海新通道北部湾国际门户港转化应用，解决了高生态敏感性地区港口雨污水高效收集处理回用难题，雨污水回用率不小于70%；在国内最大的铁矿石中转码头宁波舟山港鼠浪湖码头转化应用，实现了生产生活用水 100%由非传统水源供给，有力保障了离岸岛屿型码头生产生活用水安全，支撑了宁波舟山港世界一流强港建设。研究成果在国内众多散货港口的实际应用形成了良好的示范引领效应，显著提升了我国散货港口环境保护及雨污水资源化利用的整体水平，获得中国政府网、央视新闻、新华网、央广网、中国交通报、中国水运网等多家主流媒体报道，彰显了其在经济、社会和环境方面的显著效益。

本书主要依托国家重点研发计划项目"长江黄金水道航运污染综合控制技术及系统研发与应用示范（2022YFC3203400）"、广西科学技术厅中央引导地方资金项目"绿色港口数字化创建技术研发与应用（桂科 ZY24212028）"的研究成果。在本书的撰写过程中，得到了北京师范大学、交通运输部天津水运工程科学研究所、哈尔滨工业大学、国能黄骅港务有限责任公司、镇江港务集团有限公司、天津港（集团）有限公司等单位的大力支持，在此深表感谢。

限于作者水平，书中难免存在疏漏之处，恳请各位读者批评指正。

作　者

2025 年 2 月

目　　录

1 绪　　论

1.1　研究背景和意义

1.1.1　研究背景

我国港口规模和吞吐量连续多年位居世界首位。2023 年全国港口货运量完成 169.73 亿 t，这表明港口不仅是我国综合交通运输的枢纽，也是推动经济社会发展的重要战略资源。尤其是煤炭、矿石等散货港口，更是能源安全保供的关键环节和重要支撑，关系国家能源供应链稳定和国内国际"双循环"构建。我国形成了北煤南运、西煤东运、铁海联运的基本格局，考虑到地理环境因素的影响，与铁路相连接的水上运输枢纽港口主要集中在沿海城市，如秦皇岛、天津、青岛、上海、深圳等，这 21 个主要枢纽港口处理的煤炭、矿石等货运量占整个沿海地区的 95%以上。然而，由于物料特性和港口转运工艺的局限，以煤炭和矿石为代表的干散货在港口生产作业中产生的环境影响不容忽视。统计数据显示，大型散货港口生产作业过程年污水产生量超 500 万 t，若未经有效处理直接排放，将严重污染周边水体，破坏生态平衡，并威胁人类健康。

散货港口水污染防治一直以来受到交通运输和生态环境主管部门的高度关注。通过建设污水处理站、雨污水管网等环境基础设施，全国多数大型散货港口已基本具备雨污水收集处理能力。近年来，随着"美丽中国""绿色转型"等国家重大战略实施，我国生态环境保护工作已经从主要解决污染问题，进入污染物资源化循环利用的发展新阶段。2019 年 9 月，中共中央、国务院印发了《交通强国建设纲要》，要求"绿色发展节约集约、低碳环保"，"严格执行国家和地方污染物控制标准及船舶排放区要求，推进船舶、港口污染防治"。2021年 1 月，国家发展改革委联合九部门印发《关于推进污水资源化利用的指导意见》（发改环资〔2021〕13 号），明确提出"推动将污水资源化关键技术攻关纳入国家中长期科技发展规划、'十四五'生态环境科技创新专项规划，部署相关重点专项开展污水资源化科技创新"。2021 年 11 月，中共中央、国务院印发《关于深入打好污染防治攻坚战的意见》提出了"注重综合治理、系统治理、源头治理"的指示要求。2022 年 3 月，国务院办公厅印发了《关于加强入河入海排污口监督管理工作的实施意见》(国办函〔2022〕17号),进一步提出了"坚持精准治污、科学治污、依法治污"的要求。因此,在国家生态环境保护进入生态环境多目标协同治理及资源化循环利用阶段的背景下,进一步研究提升散货港口雨污水智能处理和资源化利用水平尤为重要。

1.1.2　研究意义

本书面向美丽中国建设、世界一流港口、全面节约、绿色智慧转型等国家和行业重大战略,以提升散货港口环境保护及雨污水资源化利用水平,建设可持续发展港口为总体目标,提出了散货港口雨污水产生源强及多途径资源化利用理论,研发形成了多类异质雨污水高效处理及智能调控技术、资源化利用智能监控及优化调度技术等关键技术,并构建了基于三维可视化交互层的"来水—净水—储水—调水—用水"一体化智慧管控平台,以期实现多元监测信息全覆盖、跨部门协同联动的散货港口雨污水资源化高效利用智能动态管控,提升我国散货港口雨污水资源化利用水平,为促进港口高质量发展、加快经济社会发展全面绿色转型提供有力支撑。本书预期研究目的如下:

(1)贯彻美丽中国建设,引领生态环境治理"新浪潮"。

党的十九大提出"建设生态文明是中华民族永续发展的千年大计",并首次将"建设美丽中国"作为社会主义现代化强国的目标之一,生态文明建设进入了快车道。2023年12月27日发布的《中共中央　国务院关于全面推进美丽中国建设的意见》(国务院公报2024年第3号),明确提出"持续深入推进污染防治攻坚"等目标任务。2024年7月,党的二十届三中全会审议通过的《中共中央关于进一步全面深化改革　推进中国式现代化的决定》为深化生态文明体制改革、全面推进美丽中国建设进一步指明了前进方向,提出了:"聚焦建设美丽中国,加快经济社会发展全面绿色转型,健全生态环境治理体系,推进生态优先、节约集约、绿色低碳发展,促进人与自然和谐共生。"生态环境等部门将持续深化水环境治理,稳定改善水生态环境质量,推进生态环境监测向数智化转型。加强散货港口水污染防治,对提升港口码头生态环境治理水平,维护港口水域生态环境,促进行业绿色发展具有重要战略意义,也为实现美丽中国建设目标提供了有力支撑。

(2)贯彻世界一流港口建设,谱写交通强国绿色"新篇章"。

一直以来,港口发展都得到了党和国家的高度重视。2019年1月17日,习近平总书记视察天津港时强调:"经济要发展,国家要强大,交通特别是海运首先要强起来。要志在万里,努力打造世界一流的智慧港口、绿色港口,更好服务京津冀协同发展和共建'一带一路'。"[1]2019 年 11 月交通运输部联合国家发展改革委、财政部、自然资源部、生态环境部、应急部、海关总署、市场监管总局和国家铁路集团印发《关于建设世界一流港口的指导意见》(交水发〔2019〕141 号),提出"推进港区生产生活污水、雨污水循环利用"的具体要求。港口污水资源化利用将显著降低新水取用量,节约港口用水成本的同时,缓解我国资源型缺水现状,提升绿色港口建设水平。加强散货港口水资源利用,持续推进港口水资源总量管理、高效处理及智能调控,正是贯彻落实世界一流港口建设的生动体现,对推动新时期港口高质量发展、谱写交通强国建设港口篇章具有深刻的现实意义。

(3)贯彻全面节约战略,打造水资源高水平保护"新名片"。

实施全面节约战略,这就要求加快形成节水型生产生活方式,建设节水型社会,推进生态文明建设,促进高质量发展。2023 年 9 月,国家发展改革委等部门印发的《关于进一步加强水资源节约集约利用的意见》(发改环资〔2023〕1193 号)中明确提出"落实'节水优先、空间均衡、系统治理、两手发力'治水思路""推进水资源总量管理、科学配置、全面节约、循环利用,大力推动农业、工业、城镇等重点领域节水,加强非常规水源利用,发展节水产业,促进经济社会发展全面绿色转型,加快建设美丽中国""推动海水、矿井水、雨水等非常规水源利用"。加强散货港口污水资源化利用智能监控及优化调度,是进一步提升水资源节约、集约及安全利用水平的关键举措。这不仅有助于同步推进港口高质量发展及水资源的高水平保护,也为加快推进人与自然和谐共生的现代化提供了重要支撑。

(4)贯彻绿色智慧转型,实现行业环保治理"新跨越"。

《中华人民共和国环境保护法》《中华人民共和国水污染防治法》《中华人民共和国环境保护税法》以及相关顶层规划等均指出企业应压实治污责任、守法责任和社会责任,走绿色发展之路。2021 年 1 月,国家发展改革委联合九部门印发《关于推进污水资源化利用的指导意见》(发改环资〔2021〕13 号),提出"推进企业内部工业用水循环利用,提高重复利用率"的总体要求。港口企业不仅是水运市场经济的主体,更是行业环境保护的关键参与者。特别是对于在卸、转、堆、取等生产环节均会产生环境污染的散货港口而言,进一步加强技术改造和升级,主动承担起环境治理的主体责任显得尤为重要。聚焦行业企业绿色智慧转型,开展针对散货港口雨污水智能处理与资源化高效利用的技术

① 资料来源:https://www.cnr.cn/tj/rdzht/dsz/ztttq/no1/20220316/t20220316_525767572.shtml。

研究至关重要。通过综合运用数字建模、现代传感、动态反馈、感知联动、智能决策等技术，研发了港口雨污水资源化利用精细化调配及一体化管控平台。该平台实现了港口"来水—净水—储水—调水—用水"的全过程管控，为企业履行环保社会责任、推进清洁改造、实现节能减排和降本增效提供重要基础性支撑，为行业构建现代化绿色治理能力发挥示范引领效应。

1.2　国内外研究现状

1.2.1　散货港口雨污水来源与分类

散货港口污水主要来源于停靠在港口的船舶、码头设施的日常维护清洗，以及港区内的工业生产活动等，涉及多种类型的污水，包括煤/矿石污水、生活污水、含油污水、化学品废水以及港区内的雨水等[1]。各类港口污水中含有大量的粉尘、油污、重金属、有机物和其他有害物质，若未经处理直接排放，将影响水域生态环境质量。

1. 煤污水和矿石污水

港口煤污水和矿石污水主要来源于船舶运输和煤码头、矿石码头等散货码头装卸过程中堆场的径流雨水、码头面的初期雨水、码头面和输运设备的冲洗水、坑道集水，以及码头面、翻车机房、转接机房等地面冲洗废水[2]。其中 Pb、Zn、Cu、Hg、S、Fe 等污染物含量一般低于国家污水综合排放标准，但悬浮物超标。较大颗粒沉入水底导致水底栖生生物缺氧窒息，较小颗粒悬浮降低水体的自净能力，水体的浑浊度使透明度下降，阻碍浮游生物的细胞分裂和生长[3]。

煤污水和矿石污水通常先通过带钢格板排水明沟进行收集。针对煤（矿石）污染发生的地点不同，排水沟的设计也有所不同。码头面产生的煤污水和矿石污水一般在码头面平行于纵梁方向设置排水沟，根据总平面的高程确定收水方向和排水沟数量。根据码头水工结构特点，重力式码头可预埋较深的排水沟，故可设置通长的排水沟汇入集污池后通过潜污泵加压后输送至含煤（矿石）污水处理站，高梁板码头由于面层较薄，排水沟无法做太深，因此通常设置多条排水沟和多个集污池，通过多个污水泵抽送至污水排水主管后输送至含煤（矿石）污水处理站。堆场产生的煤污水和矿石污水一般根据总平面高程，在堆场四周设置带钢格板的排水明沟和污水收集池。堆场及其附近的高程应当合理设计，避免煤堆场以外的未受污染的雨水也汇入排水沟而导致初期雨污水量过大。输送机廊道和转运站产生的煤污水和矿石污水通过皮带机等工具运输、经转运站转换运输方向时，在输送机廊道、转运站地面都会产生散煤和矿石的散落，是冲洗污水和含煤(矿石)初期雨污水产生的场所。输送机廊道和转运站都是架空设置的，一般在廊道及转运站地面的低点处设置若干排水地漏进行收水，之后污水通过相应的排水立管排放至地面排水沟。为防止排水沟过深，不便于清理，设置污水收集池汇集排水明沟的含煤(矿石)污水，并设置污水泵加压后通过排水主管输送至含煤(矿石)污水处理站。

2. 含油污水

港口含油污水主要是在油船运输、油码头装卸储运过程中产生的污水，来源于港口油码头到港油轮的压舱水、洗舱水、扫线洗水、泵房地面水、港口油库区油罐中的底层污水、油罐清洗废水、工业含油废水等[4]。港口含油污水成分复杂，含有高浓度的盐离子(如 Cl^-、SO_4^{2-}、Na^+、Ca^{2+}等)和复杂的污染物成分。含油污水中的有毒成分会破坏水域生物的生活环境，造成生物机能障碍。另外对兼作饮水源的内河港口危害尤其大，石油中所含的苯并芘是公认的强致癌物质[5]。

在对港口含油污水进行收集时，为了保证收集效果，首先要了解港口含油污水的具体产生原因、水质以及污水量等，将其预处理至满足当地政府规定的污水管网接收水质标准之后，才能够排入当地污水处理厂或者港口周围的污水处理站进行相关处理。

收集方式通常包括集中收集和分散收集两种方式。集中收集是通过污水收集管网收集港口的所有含油污水，并对所有的含油污水进行相应处理，这种方式有利于后期的集中处理，管理起来也比较方便，但是污水收集管网所需要的经济成本往往较大。分散收集是把港口产生的含油污水直接在排放场地附近进行收集，之后通过一些小型的污水处理设备对其进行处理。这种方式的优势是能够实现现场处理，无需铺设距离较长的输送管道，且后期处理时采用的处理设备也比较丰富。然而这种方式在监管方面比较烦琐。

船舶含油污水的收集时，主要分为水上收集以及岸边收集两部分。水上收集是指借助别的船舶到需要进行含油污水收集的船舶进行污水收集。岸边收集是指在船舶停靠在港口时通过设计专门的船舶含油污水收集设备对其进行含油污水的收集，这部分工作通常是由专门的清污公司完成的，这样不但容易达到海事部门的污水收集标准，而且更加简单方便[6]。

维修车间含油污水的收集时，先需要结合场地情况进行标高，之后在场地周围设计有钢格板的明渠进行含油污水的收集，之后统一排放到港口的含油污水处理站。如果场地规模很小,含油污水的污染浓度很低且污水量较少时,在进行收集之后一般直接排入隔油池进行处理。

油码头冲洗以及下雨产生的前期含油污水收集时,油码头的输油管道阀门以及输油臂必须进行严格的含油污水收集设计。由于油码头的输油管道阀门数量众多,经常出现漏油的情况,为了更好地保护港口水资源,必须使用挡液槛将输油管道阀门以及输油臂围起来以达到封闭效果。为了保证含油污水不会外溢,需要仔细考虑挡液槛围成的封闭区域容积,挡液槛的高度设置在 150～200mm。根据油码头的含油污水产生原因,油码头的含油污水一般包括冲洗油污水、雨水油污水以及高污染浓度油污水,其中考虑到雨水油污水造成的污染范围广、污水量大、不可控程度高,挡液槛的高度设计要结合当地的降雨量具体情况,这样可以保证在降雨期间,港口的含油污水能够有效收集,防止出现含油污水外溢或者外流的情况。另外,由于油码头设有很多电缆渠以及管网渠道,在遇到这些渠道时,含油污水挡液槛必须进行相应处理,以避免含油污水流入渠道造成污染或者对渠内管道造成腐蚀。

3. 生活污水

港口生活污水主要包括港内职工居住区、办公区等产生的生活污水和船舶生活污水[7]。生活污水中污染物相对简单,基本无毒性,可生化性好。港区的生活污水处理量一般不大[8]。船舶生活污水通常比城市生活污水含有较高的生化需氧量(BOD)和固体悬浮物(SS),污染负荷较高[9]。《船舶水污染物排放控制标准》(GB 3552—2018)于 2018 年 7 月 1 日实施后,规定了船舶向环境水体排放船舶生活污水的排放控制要求,规定在距离最近陆地 3n mile①(含)以内海域,处理达标后的船舶生活污水如需排放,要求在航行中排放,这表明船舶不能在锚泊或靠泊情况下进行船舶生活污水排放,这就增加了对船舶生活污水岸上接收处理的需求[10]。

港区内产生的生活污水主要是粪便和洗涤水,其中虽含有大量有机物,但基本无毒。此类污水与市政、农村生活污水相似,白天污水产生量大,夜晚较少。收集时一般先经化粪池预处理、食堂污水经隔油池预处理,就近接入室外污水井,通过室外污水管网进入港区生活污水处理站进行集中处理。目前也有一些一体化生活污水处理设施在建筑单体内附近直接使用,例如码头前沿设置的环保厕所、后方陆域设置的地埋式小型生活污水处理站等。污水经处理后应达到《污水综合排放标准》(GB 8978—1996)中一级标准方可排放。

————————————

① 1n mile=1.852km。

船舶一般装设生活污水储存柜用来收集船舶产生的生活污水，在禁止排放区域内，将生活污水全部暂时存入储存柜中。当船舶航行到允许排放海域时再进行排放，或排至岸上污水接收设备。我国早在 20 世纪 70 年代便有简易粪便柜应用于内河船舶，以短时间解决粪便的"存留"问题。1977 年，上海船舶设备研究所开发了 WCH 型贮存柜，同时具有粉碎、消毒、贮存等功能。船舶进港或离岸 4n mile 之内，可采用贮存功能；在离岸 4～12n mile 时，可采用粉碎、消毒功能。市场上最常见的加氯式储存装置就配备有一定容量的收集柜，为确保污水能以重力方式顺利进入收集柜，它通常设有一定斜度，并采用尽可能大的管径。尽管船上贮存污水会使船有效容积减小、增加乘员和服务费用等缺点，但这种"无排出"型装置从某种意义来说也是一种防止水体污染的根本方法。该方法设备简单、造价低，也容易管理和操作。但如果船舶在禁排区内时间过长，污水储存量又有限，将面临处理困难的问题。此外，未经处理的污水存在柜内易发臭，使微生物大量繁殖，这不仅不卫生，而且需要使用药品杀菌，从而增加药品费用和岸上处理费，特别是目前并非所有港口都具有接收设备，所有这些都限制了它的应用。因此，这类装置正逐渐被各种其他形式的污水处理装置所取代。

4. 压舱水

船舶随着航行动态的改变，为保持船舶的平衡，特别是对于没有装载适量货物的船舶，注入压舱水是船舶安全航行的重要保证。一般前往港口装卸的货船会携带万吨淡水作为压舱水，尤其是长江流域的船舶压舱水均是优质淡水。然而，当货船靠港后，需要将压舱水排出才能进行装船作业。直接排放压舱水不但造成淡水资源浪费，而且在鱼虾洄游的季节还可能引起海水浓度变化，从而影响海洋生态，破坏海洋环境。为保护生态环境、节约淡水资源，通过制作专门的管道，与货轮出水口连接，将来港船舶的压舱淡水收集起来。被收集的长江水通过专用设备汇聚至水池，再通过管网输送到湖泊湿地，为港区提供生产和生态用水。

目前，我国具备淡水压舱水接收能力的港口较少，即使具备能力但真正有效利用的更寥寥无几，分析主要原因如下：首先，港口压舱水接收系统不具备加压设备，输水能力易受到船舶压舱水泵的限制。其次，部分港区压舱水接收系统管线较长，同时管线随廊道、转运站等上下翻转，在管线高处容易集气，造成水流不稳定，从而影响系统输水能力。再次，装船码头靠泊的各种船型压舱吃水深度不一，如果恰逢高潮位，则压舱水接收较为有利；如果恰逢低水位，则压舱水泵处于最低位置，压舱水输送的净扬程要求较高，压舱水接收更加困难。最后，港区压舱水接收系统集成度不高，各种工作模式都采用人工切换。当工程船靠泊某泊位后，首先检测其压舱水水质，其次根据后方水池的蓄水情况及其他泊位的工作情况，确定采用的工作模式，再手动启闭各组控制阀门。因为各组阀门相距较远，工作人员手动操作各组控制阀门，耗费时间较长，操作较为烦琐。

1.2.2　散货港口雨污水处理及回用技术

1. 煤污水和矿石污水

煤炭矿石码头地表径流污水具有独特的水质特征。研究表明，径流污水呈现明显的胶体分散特性，污水中的颗粒表面带有负电荷，主要成分是煤炭和矿石中易冲刷的矿物质成分。这种特性导致污水中的颗粒难以自然沉降。同时，不同功能区的径流污水性质存在显著差异：码头前沿区域主要受装卸作业影响，污染物呈现分散性分布；堆场区域由于长期堆存大量散货，地表径流中的悬浮物浓度可高达 2000mg/L，污染物浓度高且分布集中。此外，不同天气条件下的径流污水也表现出不同的污染特征，特别是在降雨初期会出现明显的首次冲刷效应。

从国际经验来看，能源矿产输出大国在港口地表径流污水处理方面已积累了丰富经验。俄罗斯作为产煤大国，在煤炭码头污水处理方面发展了四种主要技术路线，形成了较为完善的处理体系。第一种方案采用全流程浓缩工艺，所有进入处理系统的污水均经浓缩处理，溢流水直接回用，浓缩底流再进行过滤，适用于入选粒度较大的污水处理；第二种方案引入多级分级工艺，通过弧形筛、振动筛和水力旋流器的组合应用，最大限度减少浓缩工序的处理负荷；第三种方案采用两阶段处理工艺，首阶段以机械分离为主，次阶段以化学处理为主，实现了分质处理；第四种方案是一个组合优化方案，将 50%的污水直接进行浮选处理，另 50%进行预浓缩处理，通过工艺优化实现了较高的处理效率。这些方案的核心是通过合理的工艺组合实现污水的闭路循环。美国和澳大利亚则着重发展高效分离设备[1]。美国研制的杨氏填充式跳汰机（又称柱式跳汰机）于1996 年获得国际专利授权，其独特的设计在跳汰室内设置充填物形成格槽，产生既有稳态又有脉动的上升水流，能够有效分选小于 25μm 的微细颗粒，并具有良好的脱硫降灰功能。澳大利亚在离心分离技术方面取得突破，研发的Kelsey 离心跳汰机可有效处理粒度小于 0.43mm 的颗粒。这些设备的创新不仅提高了微细颗粒的处理效率，也为港口径流污水处理提供了新的技术路线。

相比之下，我国在港口地表径流污水处理领域的研究起步较晚，目前主要采用物理沉淀和旋流净化等传统工艺。武强等[11]针对混凝-微滤膜分离技术在煤污水和矿石污水处理方面的应用进行了 SS、化学需氧量（COD）、BOD 去除率模拟试验。化学混凝法则是高浓度粉尘污水的处理方法中较常采用且成本较低的一种，主要是通过向污水中加入混凝剂，经过混凝反应使水中的悬浮物质和胶体物形成大而结实的矾花，达到去除污染物的目的[12]。

采用加药絮凝、混凝+旋流过滤工艺处理煤污水，先利用化学混凝原理去除悬浮物，再通过旋流高效净水器过滤并去除各种粒径的悬浮物。这种净水器是基于流体中的固体颗粒在除砂器里旋转流动时的筛分原理设计，并结合过滤装置组合而成。当水流在一定压力下从进水口切向进入净水器后，净水器会产生强烈的旋转。由于悬浮物和水的密度不同，在离心力、向心力、流体曳力的共同作用下，密度较低的水上升，由出水口排出，密度较高的悬浮物由设备底部排污口排出，沿水流共同上浮的个别微小颗粒再由第二级过滤装置过滤，从而达到去除悬浮物的目的[13]。

国内学者在混凝剂优化应用方面开展了大量研究。张建成和刘利波[14]研究了 NaCl、$CaCl_2$ 和 $AlCl_3$ 三种混凝剂与聚丙烯酰胺的联合应用效果，通过系统考察聚丙烯酰胺（PAM）用量、混凝剂种类、投加量和加药顺序等因素，确定了最佳操作条件组合。李明等[15]对新庄孜煤泥水的处理研究时发现，单独使用凝聚剂或絮凝剂均不能达到处理要求，而采用凝聚剂与絮凝剂联合添加策略，可使煤泥沉降速度达到 12.8mm/s，上清液透光率达 96.9%，同时显著节约了药剂成本。王剑平[16]研究发现，聚合氯化铝铁（PAFC）处理含铅废水的最佳条件是：pH 为 9±0.5、投加药量为 400mg±10mg、静置沉降时间为 120min、去除率为 96%±3%。李福勤等[17]针对处理过程中遇到的水量增大超过设计处理能力以及水质变化导致现有工艺不能满足出水要求等问题，进行了混凝沉淀试验，筛选出最佳药剂组合及最佳投药量。煤污水、含矿污水处理工艺流程如图 1.1 所示。马永梅[18]提出了阳离子淀粉、$CaCl_2$ 与 PAM 的联合添加方法，实验表明，这种

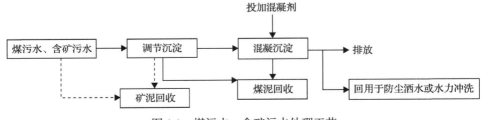

图 1.1　煤污水、含矿污水处理工艺

组合不仅可以降低药耗、节约成本，还能提高污水沉降速度。陶群等[19]通过改进工艺，采用凝聚剂与絮凝剂联合添加的方式，显著提高了处理效果。

在智能化应用研究方面也取得重要进展。例如，门克庆煤矿选煤厂开发的智能加药系统，通过增加入料浓度计和澄清层检测装置，实现了絮凝剂的精准添加[20]。该系统可实时感知煤质变化和沉降情况，通过带煤量、入料浓度、澄清层高度等参数自动调节加药量，在保证处理效果的同时显著降低了药耗。Arnold 和 Aplan[21]的研究进一步证实了悬浮黏土颗粒、离子、pH 和腐殖酸等水质特性对处理效果的显著影响，为智能加药系统的优化提供了理论支持。虽然这些研究取得了一定进展，但与国际先进水平相比，我国在处理效率、自动化水平和运行稳定性方面仍存在显著差距。特别是在处理高浊度和变化工况的地表径流污水时，这些传统工艺的局限性更为明显。李孟婷[22]的研究表明，水质特性是影响处理效果的关键因素，需要建立基于水质特征的精准投药模型。这些研究成果表明，我国在港口地表径流污水处理技术方面虽已积累了一定经验，但仍需在智能化监测、精准投药和工艺优化等方面加强技术创新，以提升处理效率和自动化水平。

国内部分港口含煤污水处理选择用旋流净化法。含煤污水经前端集水沟收集后汇入主排水沟，靠重力自动流到污水处理站入口，经格栅机去除杂物，流入集水池。当集水池的水位达到运行条件时，搅拌泵开启，将污水进行搅拌均匀，同时，渣浆泵启动，提升污水流经混凝器，在其中与聚合氧化铝（PAC）、PAM 药剂发生混凝反应，待充分反应后，进入旋流器进行净化处理生成清水。净化后的清水经消毒后流入清水池，再通过清水泵提升至生产水池用于生产过程中的除尘工作。旋流器需定期进行反冲洗和排泥，反冲洗产生的污水回流到集水池，而排出的污泥则流入污泥池，随后通过清浆泵提升到粉尘处理车间进行制饼回收。

散货港口煤污水和矿石污水处理过程中仍存在如下问题：首先，在大雨或暴雨时，瞬时进入集水池的水中 SS 会非常高，甚至可呈泥浆状。在这种情况下，一次提升泵易发生泵轴断裂事故，严重影响后续工作的正常进行。其次，由于费用及管理问题，在实际运转中，很多单位不加混凝剂，影响出水效果。

2. 含油污水

港口含油污水多采用经含油污水处理站处理后出水排入港区污水收集管网，通过管网收集至港区其他生活或生产污水处理站再处理后回用的处理方式。目前，陆域设施接收处理通常采用如图 1.2 的工艺流程：含油污水通常经过隔油、浮选、混凝沉淀等预处理操作后，进入二级生化处理，但大多数情况下，经过预处理之后的废水 COD 浓度依然较高。

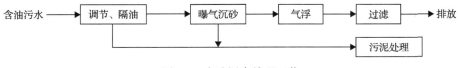

图 1.2　含油污水处理工艺

国内外研究学者一直在不懈地深入研究与探讨含油废水的处理方法，其目标是既要去除水中的大量油类，又兼顾去除水中溶解的有机物、悬浮物、藻类、酸碱、硫化物、氨氮等。目前，常用的含油废水处理方法为物化法、生物法以及多级组合工艺。其中物化法又包括气浮法、絮凝法、膜分离法、电化学法等。

1) 气浮法

气浮法是将空气以微小气泡形式注入水中，使微小气泡与在水中悬浮的油粒黏附，因其密度小于水的密度而上浮，形成浮渣层从水中分离[23]。气浮法由于具有装置处理量大、产生污泥量少和分离效率高等优点，在含油废水处理方面具有巨大的潜力[24]。目前气浮最常用的方法是溶气气浮法、叶轮气浮法和射流气浮法等。溶气气浮法和叶轮气浮法存在停留时间长、装置制造和维修麻烦、能耗高等缺点。相比之下，射流气浮法不仅能节省大量能耗，还具有产生气泡小、装置安装方便、操作安全等特点，因而具有良好的研究和应用前景[25]。有学者[26]将溶气气浮与塔浮选结合在一起，在塔分离系统中处理含油废水，获得了很高的油水分离效率。有外国学者考察了在溶气气浮装置中添加活性炭对处理性能的影响[27]。结果发现，当活性炭含量为 50～150mg/L 时，COD 去除率从 16%～64% 提高到 72%～92.5%，BOD 去除率从 27%～70% 提高到 76%～94%，处理后 BOD 和 COD 值分别降到 45～95mg/L 和 110～200mg/L。

2) 絮凝法

近年来，絮凝技术由于其适用性强、可去除乳化油和溶解油，以及部分难以生化降解的复杂高分子量有机物的特点而被广泛应用于含油废水的处理[28]。常用的絮凝剂主要有无机絮凝剂、有机絮凝剂和复合絮凝剂三大类[29]。无机高分子量絮凝剂(如聚合氯化铝、聚合硫酸铁等)较低分子量无机絮凝剂处理效果好，且用量少、效率高，但存在产生的絮渣多、后续不易处理的缺点。有机高分子量絮凝剂由于价格昂贵，难以大量推广使用，而主要用作其他方法的助剂。研究发现[30]，将无机絮凝剂和有机絮凝剂复合投用可以明显改善处理效果。复合絮凝剂的性能好坏取决于絮凝体的形成状态及其物质的量[31]。因此，通过优化复合絮凝剂来提高处理效率并降低处理成本成为该领域的重要研究内容。国内研究人员[32]使用聚硅酸硫酸锌(PZSS)和聚丙烯酰胺阴离子(A-PAM)复合絮凝剂处理含油废水,油去除率高达99%,悬浮固体量小于5mg/L,满足回用要求。但该方法存在药剂的投放量大、价格昂贵、后续处理困难等问题而影响了其在工业上的推广使用。

3) 膜分离法

膜分离法是利用特殊制造的多孔材料的拦截作用,以物理截留的方式去除水中一定颗粒大小的污染物[33]。以压力差为推动力的膜分离过程一般分为微滤、超滤和反渗透三种。膜分离技术的特点是:可根据废水中油粒子的大小合理地确定膜截留分子量,且处理过程中一般无相变化,直接实现油水分离;不需投加药剂,因此二次污染小;后处理费用低,分离过程耗能少,分离出水含油量低,处理效果好。但仍需要利用不同的材料及方法制备出性能好又经济的新型膜并对现有的处理工艺进行改进,进而克服该技术的一些缺点(如热稳定性差、不耐腐蚀、膜容易被污染、处理量小等)。另外,单一的膜分离技术并不能很好地解决含油废水的处理问题,需要结合不同的膜分离技术联合或将其与传统方法联合使用,如超滤和反渗透联合、盐析法和反渗透联合、超滤和微滤联合等。Tomaszewska等[34]考察了透过膜压力对渗透量、有机和无机混合物残留量的影响,并研究了废水的超滤过程中原料浓度对渗透量和油去除率的影响。结果显示,在处理的第一阶段,悬浮固体及浊度基本去除;在处理的第二阶段,总有机碳(TOC)去除率达 70%以上,阳离子和硫酸根阴离子去除率达90%以上,证明超滤-反渗透法具有较高的净化效率。随着新型膜及新工艺的不断出现,膜分离技术在含油废水处理中的应用变得越来越广泛[35]。

4) 电化学法

电化学法分为电凝聚法、电气浮法、电磁处理法及电催化氧化技术法。

电凝聚法的原理是利用可溶性电极(铁电极或铝电极)电解产生的阳离子与水电离产生的氢氧根负离子结合生成的胶体,与水中的污染物颗粒发生凝聚作用来达到分离净化的目的[36]。同时,在电解过程中,阳极表面产生的中间产物(如羟自由基、原子态氧)对有机污染物也有一定的降解作用。电凝聚法具有处理效果好、占地面积小、设备简单、操作方便等优点,但是它存在阳极金属消耗量大、需要大量盐类作辅助药剂、能耗高、运行费用较高等缺点。

电气浮法是利用不溶性电极电分解作用与生成的微小气泡的上浮作用来去除污染物的,具有除油、杀菌一体化的显著特点[37]。电解产生的气泡细小均匀因而捕获杂质的能力比较强、去除效果较好,但存在电耗大、单独使用较难达到排放要求等缺点。因而,电气浮法常与其他方法联合使用,较常见的是絮凝法[38]。目前对絮凝-电气浮技术的研究多集中在如何提高污水处理效果并降低处理费用及节省能耗方面,如选取适当的絮凝剂及优化电气浮处理工艺等。

电磁处理方法主要包括磁处理法、电子处理法、高频电磁场法、高压静电处理法[39]。电磁法具有以下两个突出的优点:一是在整个水处理过程中不投加任何药剂,避免引入新的杂质及有害物质;二是消毒效果好且不产生具有"三致"作用(致癌性、致畸性、致突变性)的氯化副产物[40]。其缺点是耗电量大,且工艺尚未成熟,目前这种方法在含油废水处理中应用得比较少。

电催化氧化技术法通过电化学催化系统产生的氧化性极强的羟基自由基,这些自由基能够与有机物发生加成、取代和电子转移等反应,从而使污染物降解、矿化,具有无二次污染、易建立密闭循环等优点,在水处理界备受青睐[41]。

(1)高效电催化电极。

在电催化反应过程中,电极处于"心脏"地位,是实现电化学反应及提高电解效率的关键因素。因此,寻找和研制催化活性强、导电性好、耐腐蚀、寿命长的阳极材料以降低处理成本是研究的热点和重点[42]。

(2)电化学反应器。

电化学反应本质上是一种在固液界面上发生的异相电子转移反应,因此固液界面面积、电极电势和电极表面反应物种的形态及浓度是决定反应速度(电流)的基本因素。常见的电化学反应器多为二维反应器,根据工作电极和辅助电极的形式,其又可分为平板式、圆筒式和圆盘式等类型[43]。

5)生物法

生物法是利用微生物的代谢作用,使水中呈溶解、胶体状态的有机污染物质转化为稳定的无害物质[44]。目前处理工艺比较成熟且使用较多的是活性污泥法和生物滤池法。活性污泥法是在曝气池内利用流动状态活性污泥作为净化微生物的载体,通过吸附、浓缩在活性污泥表面上的微生物来分解有机物。生物滤池法是在生物滤池内,使微生物附着在滤料上,废水从上而下流经滤料表面过程中,有机污染物便被微生物吸附和分解破坏。生物技术的关键在于生物菌种和生物处理工艺,根据含油废水的特殊性开发出高效的生物菌种和处理工艺是该领域研究的热点[45]。菌类能够有效地降低废水的化学需氧量,用聚乙烯基醇来固定细菌单元可用于废水的循环处理并获得较高的 COD 去除率。

含油废水处理方法多种多样,每一种方法都有其特定的适用范围,需要针对不同的情况进行研究，确定适合的工艺。由于含油废水的复杂性，采用单一的方法很难达到国家对工业污水的排放标准，应对含油污水进行多级处理。通过采用多级处理工艺，能够综合废水成分油的存在状态、处理深度等各因素的影响，使废水处理达到令人满意的效果。王亭沂等[46]研究了电化学绿色处理技术，其工艺流程为：油站来水—电阻垢器—电絮凝器—气液多相泵气浮器—双滤料滤罐—油分浓度在线检测—电杀菌器—注水站回注。Benito等[47]设计开发了一个可以用于处理各种复杂成分的含油废水的小装置模型，其中包含絮凝/气浮、离心分离、超滤和吸附工艺过程。根据含油乳状液的性质采用了各种不同的处理方法，可以有效地应用于含油废水的油去除及水回用，油去除率可达90%以上，具有较好的环境效益和经济效益。此外，还有一些能够有效处理含油废水的联合方法。如气浮—净化—软化—过滤—反渗析—水恢复组合工艺、电解-芬顿法、电气浮接触氧化工艺和混凝沉淀、气浮除油和生化降解三级处理方法等。经过实践证明，这些方法均能使废水达到排放标准。在实际应用中也多采用联合处理方法，形成多级处理工艺，可充分发挥各种方法的优势并能弥补其缺点。开发出既能有效处理含油废水又能大规模应用且经济的联合处理工艺是研究者们一直追求的目标。

由于港口含油污水成分的复杂性，在高浓度盐离子的条件下单一工艺或技术处理港口含油污水中的漂浮、乳化或分散的油较为困难，生化处理工艺处理港口含油污水难度较大，易导致系统瘫痪，而合理地将两种或多种污水处理工艺相结合，形成的组合工艺能够更有效地处理港口含油污水中的有害污染物[48]，从而保证污水处理后达标排放。

混凝沉淀—厌氧/好氧组合工艺处理港口含油污水，会先对污水进行混凝沉淀预处理，再通过厌氧/好氧（A/O）生化处理过程进一步降解有机物[49]。电絮凝—固定膜好氧生物反应器处理含油污水，利用金属阳极形成活性混凝剂用于原位沉淀去除污染物，然后在生物反应器中使用固定化细胞进一步处理废水[50]。电化学技术在高浓度含油废水处理领域具有良好的应用前景，包括电絮凝（EC）、电浮选（EF）、电氧化（EO）等，将其与传统或新型生化处理工艺相结合，利用电化学技术的油预处理能力来减轻后续工艺负担，有助于提高港口含油污水的处理效果[51]。

3. 生活污水

港区的生活污水通常采用氧化沟、序批式活性污泥法（SBR）等二级生化处理后可达到排放要求。其具体工艺流程如图1.3所示。

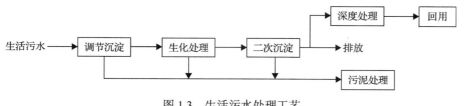

图 1.3　生活污水处理工艺

1）生物处理法

生物处理法是利用微生物依靠分解有机物而生活的代谢特征，通过创造更有利于微生物生长、繁殖的环境条件，将各种废水、污水和粪尿加快进行分解代谢和合成代谢的方法。主要包含活性污泥法、生物膜法和膜生物法三种方法。三者的基本原理是相同的，都是通过微生物对有机物进行降解，不同之处在于：活性污泥法是利用活性污泥来分解有机物，这些活性污泥于曝气池中悬浮流动；生物膜法则主要利用固着于载体表面的微生物膜来净化有机物；膜生物法是使用膜生物反应器（MBR），在生化处理后进行膜过滤。在生物法的反应器中，有机污染物在好氧微生物的分解作用下生成二氧化碳，膜过滤截留的活性污泥使有机物分解菌和硝化菌等增殖速度慢的微生物得以在反应器内繁殖富集，这些菌类能够对污水中产生异味的氨氮进行有效处理，从而消除异味。

典型的 MBR 处理生活污水的流程是：预处理过的生活污水进入生化处理柜，在沉淀柜增压后进入 MBR，带压的污水通过膜组件留下固体物质，剩余的浓缩液体再回流至沉淀柜；膜组件流出的水经过紫外线消毒后进入清水柜后被排到舷外。膜组件中的污泥需定期外排，以保持装置稳定。此类装置具有生化效率高、占用空间小、抗负荷冲击能力强、出水稳定、排污泥周期长、自动化程度高等优点，使其应用前景广阔。

2）电化学法

针对港口船舶生活污水，可采用电化学法进行处理，电解高含盐污水可产生次氯酸钠等物质。次氯酸会促进污水中有害物质的分解。同时，在电解过程中，通过电极对海水的电解作用，污染物在电极表面氧化并转变成易生物降解的物质，卤代有机物中的卤素通过阴极还原发生脱卤反应，有机物的可生化性大幅提高。采用电化法的船舶生活污水处理装置，一般依次采取粗过滤、澄清、电解凝聚及臭氧杀菌四个环节，能够基本消灭有机物和细菌，具有残渣量较少、能源消耗小、经济性好、结构紧凑的优势，但同时，为促使污水中溶解的有机物完全彻底地得到氧化，装置内的温度和压力需保持在较高水平。另外，电解会产生一定量的氯气、氢气等危险气体，因此，对设备操作安全性要求较高，其采用的技术也较为复杂，导致设备的制造成本和后期运营成本也相对较高。

3) 物理化学法

物理化学法是一种采用物理和化学的综合作用使废水得到净化的方法，通过凝聚、沉淀过滤、活性炭吸附等物理手段和药剂消毒、脱氧等化学手段相结合来处理废水。其处理流程首先采用物理方法使可溶性有机物从污水中脱离，再采用活性炭吸附或药剂消毒、脱氧手段对污水继续处理，合格后再排出船舷。剩余污泥则最终通过焚烧或者码头接收处理。物理化学法主要有活性炭吸附、离子交换、混凝—沉淀、混凝—气浮、膜分离等工艺方法。其中，混凝—沉淀和混凝—气浮两种方法目前使用最多。物理化学法具有装置体积小、污水贮存时间短、对冲击负荷适应能力强的优点，但药剂损耗较大，运行成本也较高。

目前，单一的生物、物理化学、电化学等污水处理技术已经不能满足污水达标排放要求，更多的研究人员开始寻求新的处理技术或采用两种或两种以上组合处理技术，包括膜生物反应器技术、热力源处理污水技术[52]、超临界水氧化分解技术[53]、超滤—反渗透处理废水[54]、真空机械蒸气再压缩技术[55]等。生活污水主流的处理技术及特点详见表 1.1[56]。

表 1.1　生活污水处理技术及特点

处理技术		优势	存在问题
物理法	絮凝—沉淀	操作简单，经济	重力沉淀效果不明显，多用于船舶生活污水预处理过程
	膜分离	在去除 TSS、盐类、大肠杆菌方面效果明显	主要存在膜易阻塞的问题，费用高昂
化学法	化学氧化消毒	在处理 COD_{Cr} 等方面具有较明显优势	易产生"三致"污染物，处理不彻底
	电絮凝	处理量大，处理迅速	成本高，产生污泥量大
	电催化氧化	设备占地面积小，处理效率高，处理效果彻底	能耗高，电极寿命短，副反应严重，反应机理不明确
生物法	接触式生物氧化	净化效率高，污泥剩余量少，耐冲击负荷能力强	需要专业人员长期驯化细菌，污水负荷大幅度变化时处理效果不佳
	活性污泥	氮、磷、COD、总悬浮固体(TSS)等去除效果好	活性污泥会引发恶臭，反应器启动时间较慢
	MBR	设备紧凑，自动化程度高，活性污泥少，出水水质好	机械性能差，受环境、温度影响很大

目前，港口生活污水处理设施仍存在如下问题。

首先，有相当一部分港区污水处理站不能正常运营，主要原因为：重视不够，管理不到位；由于港区陆域形成多为吹沙或回填开山土石，易有沉降发生，加之污水管道施工不好，直接影响处理效果。在南方地区的港口，地下水位一般较高，常常会有地下水渗入污水管道，导致进入污水站的水量大大超过设计水量、进水水质不符合设计要求。而相反的一种情况是，管道中的污水漏失严重，进入污水处理的水量远远达不到设计水量，同样影响正常运转，同时会污染地下水。

其次，部分地方生态环境部门对港区的生活污水出水要求较严格，即便是三类水域，也要求达到一级排放标准，这样势必增加了处理难度和投资。在这种情况下，应做一个比较，看是否能够将港区污水排入到市政管道或邻近企业的污水处理站。另一方面，既然出水已达到一级排放标准，则应考虑回用，作为绿化、冲洗用水等，也可作为景观用水，做到循环经济、节能减排，同时提高污水治理工程的附加值。

再次，因为港区的生活污水量一般较少，设计中往往采用一体化处理设备，结构紧凑，设计施工方便，技术上也较成熟。但要慎重考虑采用"地埋式"，因为"地埋式"一旦出现问题，很难及时解决。

4. 压舱水

船舶压舱水包括国际航行船舶压载水（海水）和国内航行船舶压舱水（淡水），来自长江流域的船舶压舱水均是优质淡水，而国际航行船舶压载水是国际上公认的外来生物入侵的重要途径，是世界海洋生态环境面临的重大威胁之一。

为了解决压舱水直接回用对水环境产生负面影响，大量研究者不断进行探索，希望可以找到彻底解决压舱水中去除入侵生物的技术和方法。目前，压舱水处理主要分为物理处理方法和化学处理方法。

物理处理方法通过不同手段分离、排除或灭杀海水中的危害性生物与物质，主要手段包括过滤、离心分离、稀释与置换、加热、光辐射等。

过滤法是一种通过过滤装置滤除海水中的一定体积微生物或其他污染物的处理方法。过滤法可直接滤除部分外来生物，通过选择合适的网目可以有效去除特定的生物种群。目前开发使用的过滤膜件包括超滤、纳滤等。该方法原理简单、安装方便、初装成本相对也不高。但同时该方法也存在较多缺点：①压载水中含有大量的絮状物容易堵塞滤网，需要经常对滤网进行反冲洗，既耗能又耗时；②过滤法可有效降低一定体积微生物污染，但对体积小的微生物处理效果不大明显，细菌病毒不能被彻底处理；③这种方法造成的管道阻力损失较大，对压载水注排系统设备要求较高，在重力浸水式压载水系统中无法应用。过滤法被认为是一种对环境危害最小的压载水处理法，但在大型船舶中，由于需要处理大量的压载水，该方法处理效果有限，难以单独使用来满足处理需要。

离心分离是一种利用旋转部件对海水进行重力分离，以除去比重与海水存在差异的微粒和生物体的方法。这种方法可以除去大多数多细胞动物和植物、卵、幼虫、孢子(包括进入到淤泥中有害藻类的休眠期孢子)和有害的病原体细菌。该方法具有操作简单、成本合理等优点。但是其在处理与海水比重相近的生物(水母毛鄂类动物)时处理效果受到限制。此外，设备尺寸较大，对安装空间要求较高，尤其当处理量较大时，设备在船上的安装就显得极为困难。因此在一些处理流量大的实船上基本没能得到发展与应用。

加热法与光辐射法是压载水处理技术研究初期探讨较多方法，其技术的原理主要是借鉴陆地类似技术的设计原理[57]。从实验室研究结果看[58]，温度在38～50℃持续加热 2～4h 可杀灭海水中的大部分生物。但如果生物是以休眠孢子形式存在的话，其仍然可能存活并在合适的条件下萌发生长，这样就必须用更高的温度进行杀灭。

研究用于加热压载水的途径有三种：将水蒸气通入压载水、用船引擎余热或采用微波法。压载水加热处理方法虽然被认为是一种廉价、具有潜在吸引力的方法，但存在处理时间长、能耗过高、热应力影响船舶航行安全等难以解决的问题，因此并没有相关产品在实船中得到应用。光辐射方法应用较多的光频段是加热与烧蚀能力强的紫外线用于杀菌消毒，在其他行业已经有了较多的应用实例。紫外线处理对杀灭海洋细菌、病毒与细小微生物非常有效，但对海水中一些抗紫外线的有害细菌与外来有害水生物的作用效果不佳，而且在短时间内对大体积的微生物或者其他海洋生物的灭杀效果有限。因此在使用紫外线处理的同时还应考虑如何杀灭外来有害水生物。此外，紫外线处理装置的运行与维护费用也较高，给技术独立使用的普遍推广带来了一定的阻碍。

化学法主要是通过改变压载水中某些化学物质或元素的含量，以创造压载水内有害细菌与微生物抑制环境来进行压载水处理。化学处理法的实现手段一种是通过添加特定的化学物质来改变压载水成分[59]，另一种是通过一些催化手段快速改变压载水自身的成分组成。前者可使用的添加物质包括氯或氯化物、臭氧(O_3)、过氧化氢(H_2O_2)以及羟基物质等；后者主要是通过海水催化反应，产生类似于前者的一些强氧化、具有杀菌效能的物质。添加氯化物对处理压载水并去除浮游植物和原生动物以及细菌是可行的，但对不同的目标生物所需氯含量不同。一般地，少量氯对杀死压载水中的细菌有明显效果；而对于浮游藻类因其耐受性强，需要较高的有效氯含量，如扁藻在有效氯含量高达 40mg/L 时仍达不到去除的目的。此外压载水中氯含量过高本身也会造成二次污染。臭氧是一种强氧化剂，足以致死压载水中的入侵微生物且不存在二次污染问题。臭氧会加快压载舱的腐蚀，而且难以保持恒定的残留杀菌浓度，因此投加量不易调节管理，需要较高的维护技术水平。羟基具有极强的氧化能力，与氟的氧化能力相当，参与反应属于游离基，反应速度快，能很容易地氧化分解各种有机物和无机物，最终生成物是二氧化碳（CO_2）和水（H_2O），无剩余污染。过氧化氢与其他化学品相比，反应产生残余物容易分解成水及氧，因此从环境角度来讲比较合理。其主要缺点是当压载水中有机物质过多时，将会因有机物质的氧化而降低处理效果，因此在压载水中，有机物含量过高时应用效果不佳。

在压舱水接收处置方面，国内外均开展了大量接收处置技术研究，详述如下：

（1）国外船舶压载水接收处置现状。

根据国际船级社协会（IACS）数据统计，所有入级 IACS 成员的船舶中仅有不到 10%安装了压载水管理系统[59]，已安装的压载水管理系统也存在一定比例的故障或使用问题。相关调研数据显示，自2012年起，美国平均每年检验国外船舶9300 艘，发现违规船舶592 艘，其中，存在压载水管理系统方面问题的船舶为 277 艘[60]。同时，还有相当数量的船舶由于空间、电力负荷、使用价值等问题，不能安装压载水管理系统。在现有船舶未完成改造或不宜进行改造、已安装的船舶压载水管理系统因故障或其他突发情况导致需要到港口排放压载水时，可采取使用港口固定设备或利用集卡拖车、驳船等移动式设备接收处理压载水，或要求船舶离港到指定的水域进行交换等方法。考虑到船期延误和置换的可操作性等制约因素，采取港口应急接收处理压载水更具可行性。

基于岸基（shore-based）设备和驳船（barge-based）设备压载水处理系统的可行性研究最早可追溯到 20 世纪 90 年代，在美国西雅图、密尔沃基、巴尔的摩等港口的早期研究认为，受船舶与设备接口的通用性、船舶改造成本、设备技术可达性（能否满足标准要求）以及投入、运营成本等因素制约，实施压载水的接收与处理存在困难[61]。2012 年，在丹麦两个港口开展的研究表明基于驳船的压载水处理系统技术可行，但成本很高[62]。2015 年对克罗地亚里耶卡港口的模拟计算结果也显示，驳船设备的经济效益与港口接收处理压载水的频次和总量呈正相关关系[63]。2017 年，荷兰研发出一种集成于集装箱内的压载水管理系统并通过了国际海事组织（IMO）型式认可，在荷兰两个港口进行了实际演练。该设备的处理工艺为过滤和紫外线灭活，单个装置处理能力最大为 $300m^3/h$，可以从码头或船侧操作接收船舶压载水，具有可移动的特点。

(2)我国船舶压载水接收处置现状。

通过对 2007~2017 年提交给国家环境保护总局或环境保护部验收的 119 个沿海港口项目进行梳理[64],共 34 个项目在环评批复中明确提出了"入境外来压载水需经过生物灭活处理措施"或"在港区设置压载水接收处理缓冲池和高效压载水生物灭活装置"等要求,项目分布于环渤海、长江三角洲、东南沿海、珠江三角洲和西南沿海区域,涉及集装箱、油品、矿石、煤炭、液体化工等不同类型货种。从实际验收情况来看,仅有五个项目按照环评批复及批复的报告书要求设置了岸基压载水处置系统,其中,两个码头采用二氧化氯灭活法,一个码头采用臭氧灭活法,一个码头采用次氯酸钠灭活法,一个码头采用与 Pure Ballast 系统同等生物灭活功能的工艺,四个码头建设了缓冲池。在《国际船舶压载水沉积物控制与管理公约》生效前,到港船舶按相关规定提前申报压载水排放事宜,经许可后即可直接排放压载水,因此上述五个码头运行以来并未接收压载水至岸上处理设施进行灭活处理。目前,我国正加快推进港口接收处理压载水设施的自主研发工作,已经有设备在国内港口进行了性能和硬件测试。

淡水压载水在港口上岸接收利用方面,我国部分船舶在黄骅港、天津港等北方缺水港口装货,卸货港大多为长江内港口,每个航次均携带大量压载的长江水到北方港口。通过在船舶生活区梯口处左右两侧分别加装通岸接头排放管路与岸上接收设备连接,船舶无论哪一侧靠岸均可实现与岸上接收设备相连,回收压载水进行再次利用,改变了常规船舶直接将压载水排放入海造成浪费的状况。单艘航次能回收约 10000t 淡水,经沉淀后,可用于煤炭冷却除尘、冲洗码头、植物灌溉;港口利用回收水可充实景观湖、蓄水池、维修收水管道,实现水资源的循环再利用。

1.2.3　散货港口雨污水资源化利用监测与控制技术

1. 港口雨污水资源化利用现状

20 世纪初,美国就开始污水再生回用,70 年代初开始大规模地建设二级污水处理厂并进行污水再生回用。20 世纪 70 年代初以来 40 年间,美国总用水量约增加 1.4 倍,但总取水量自 1980 年达到历史峰值 6078.7 亿m^3/a 后几十年内保持平稳,始终稳定在 5512.3 亿~5636.6 亿m^3/a,其主要原因就是城市污水再生回用量的稳步提高[65]。日本在 20 世纪 60 年代开始兴建中水道,1951 年建立了最早的污水再生回用示范工程,1964 年后开始大规模利用再生水解决水资源短缺问题[66]。以色列采取了污水再生回用措施,2007 年 100%的生活污水和 72%的城市污水得到了回用,有 200 多个污水回用工程,处理后的污水 42%

用于农业灌溉、30%用于地下水回灌，其余用于工业及市政建设等。

与发达国家相比，我国城市污水处理再生回用起步较晚。20世纪70年代中期，我国开始探索以回用为目的的城市污水深度处理技术。到80年代，随着大部分城市水资源紧缺的加剧和污水处理回用技术的日趋成熟，污水处理回用的研究与实践才得以加速发展。北京作为全世界第一个实现污水处理达到地表水Ⅳ类标准的城市，2019年再生水用量达到11.5亿 m^3。2021年，国家发展改革委联合九部门发布了《关于推进污水资源化利用的指导意见》，明确提出"加快推动城镇生活污水资源化利用……在推广再生水用于工业生产和市政杂用的同时，严格执行国家规定水质标准……"。

散货港口在生活及生产作业过程中往往会产生大量的煤污水、矿石污水等，并且大多数建设在城市外围，使得其利用市政污水管网及相关污水处理设施对相关污水处理的成本相对较高，而且普通市政污水处理厂难以对港口产生的各类废水进行处理，所以大多数港口通过自建污水处理设施并使用相关的污水处理技术对港口产生的污水进行处理，其污水处理效果对企业和城市的可持续发展、构建和谐生态环境起着非常重要的作用，因此针对港口污水处理与回用技术的研究，近些年来已经成为国内外相关领域的一大研究热点。刘亮等[67]基于"海绵城市"的理念，将煤炭港口给水、排水与生态环境相结合，通过排水系统"海绵化"改造、含煤污水处理站扩能及工艺优化、生态水系建设及分类、循环水系统构建、智能管控平台建设及智能化运行等措施，建成了基于"海绵城市"理念的港口生态循环水系统，解决了港区过量含煤雨污水的问题，提升了港区的生态环境水平。Wang和Li[68]在将含煤污水处理为可回用中水的过程中，使用超滤系统作为反渗透的预处理工艺。该系统对大分子物质具有较高的去除效率，并且超滤出水可以满足反渗透系统对进水淤泥密度指数（SDI）值的要求。通过实验数据证明，超滤-反渗透系统处理MBR出水效果显著，浊度去除率接近100%，总磷、电导率、总溶解固体（TDS）去除率可以达到90%以上，最终出水达到中水水质标准的要求。

天津南港工业区通过实施南港工业区污水循环利用工程，将污水收集后送入工业区污水处理厂进行处理，污水处理厂出水作为环境用水回用于人工湿地及景观湖，实现了港口污水无害化、减量化、资源化，为工业区循环经济模式的构建提供了工程示范[7]。通过该技术的实施改善并保护了港口工业区生态环境[7]。目前大部分散货港口已建设污水处理与再生利用工程，将港区径流雨污水收集后多采用以混凝沉淀为主的工艺处理后回用于港区喷淋抑尘用水，出水水质需符合国家标准《城市污水再生利用 城市杂用水水质》（GB/T 18920—

2020），但在实际运行中，混凝沉淀工艺出水悬浮物浓度有时超标，导致喷淋管道堵塞等问题，限制了径流雨污水高效再生利用。目前，我国天津南港工业区、河北黄骅港和秦皇岛港[69]、广西北部湾港[70]等多个港口均已开展污水资源化利用工程。

2. 港口雨污水资源化利用监测与控制

污水再生利用监测和控制涉及多个方面，包括水质控制、系统运行监控以及应急措施等。根据《城镇污水再生利用工程设计规范》（GB 50335—2016），再生水的分类和水质控制指标是确保安全用水的重要依据。不同用途的污水资源化处理需满足相应的水质标准，如农田灌溉、工业冷却、城市杂用等。为确保水质达标，应建立完善的监测系统，采用在线监测和人工抽样监测相结合的方式，根据不同的水质要求和污染物排放因子确定监测项目。

在线监测技术在污水资源化利用中起到关键作用，通过高效、实时的监测手段，借助现代传感器技术、自动测量技术和计算机应用技术等，对污水处理过程中的水质(pH、悬浮物、浊度、化学需氧量、氨氮、总磷、总氮等)和流量进行实时监测和数据传输，以实现污水处理的自动化控制和管理，确保污水处理过程的稳定性和水质的安全性，有效降低处理成本，提高处理效率[71,72]。

利用人工智能驱动的决策支持系统(DSS)等智能解决方案，能够最小化人工干预，通过专家模型评估水质并提供基于当前值和未来趋势的建议，同时还能识别意外事件并生成警报[73]。

利用 PLC 自动化系统能够实现港口污水回用系统各个设备的自动控制，自动连接现场传感器、变送器、自动化仪表等，实现对各种数据信息的管理。当调节池的高度达到一定水位且膜生物反应池水位在中水位下面时，移动泵可自动开始工作，将需要处理的污水运送到水泵中，实现对水位高度的自动补充，另外泵和风机在应用过程中可得到热过载和空开过载的保护，防止出现漏电的现象[74]。

基于物联网的水质监测系统通常采用分层架构设计，构建了一个完整的"感知—传输—应用"技术体系。

(1)在感知层，系统集成了多种先进的传感器技术。浊度传感器采用散射光测量原理，结合自清洗功能，可实现长期稳定监测；电导率传感器采用四电极技术，有效解决了传统双电极易受污染的问题；液位传感器则采用压力式测量原理，确保了高精度的水位监测。这些智能传感器不仅具备自校准和故障诊断功能，还能根据环境变化自动调整测量参数，大大提高了数据采集的可靠性。

(2)在网络层，系统采用多元化的通信架构实现数据传输。在局域网络中，采用 RS485 总线和 MODBUS-RTU 协议实现各传感器与控制器间的通信；在广域网络传输方面，根据实际应用场景可选择不同的通信方式。4G/5G 技术适用于数据量大、实时性要求高的场合，具有传输速率快、覆盖范围广的优势；而 LoRa（long range）技术则以其低功耗、远距离传输的特点，特别适合分散式监测点的数据传输。同时，系统还建立了完善的数据传输质量保证机制，包括数据加密、丢包重传和通信冗余备份等措施，确保数据传输的安全性和可靠性。

(3)应用层是整个系统的核心，实现了数据的智能化管理和应用[75]。①在数据存储方面，采用分布式数据库技术，建立了结构化的数据存储体系，支持海量监测数据的高效存储和快速检索。②在数据分析方面，系统集成了多种智能算法，能够实现数据的自动校验、异常识别和趋势分析。例如，通过建立水质参数之间的相关性模型，可以自动识别异常数据；通过时间序列分析，可以预测水质变化趋势。③在可视化展示方面，系统提供了丰富的数据展示界面，支持实时监测数据的动态显示、历史数据的趋势分析和空间分布的地理信息系统（GIS）展示，并支持移动终端访问，方便管理人员随时掌握监测情况。

这种基于物联网的分层架构设计不仅提高了监测系统的整体可靠性，还实现了监测数据的实时共享和远程访问，为港口污水处理的智能化管理提供了强有力的技术支撑。

近年来，智能化在线监测系统在港口污水监测中的应用不断深入。这类系统通常集成多种先进技术：一是采用高精度智能传感器，如智能浊度传感器能够在 0～2000NTU[①]范围内实现±5%FS[②]的测量精度；二是开发智能化采样控制策略，根据水位、降雨等条件自动调节采样频率；三是建立数据分析模型，实现水质异常的自动识别和预警。这些技术创新显著提升了监测的准确性和实时性。

目前，散货港口污水处理智能控制水平较城市、工业等污水处理工程而言仍处于初级阶段，污水处理站多依靠人工运维，混凝工艺运行参数、加药量等均依靠经验判断，缺乏实时水质数据的支撑，导致混凝工艺出水无法稳定达标。随着机器学习理论和技术的飞速发展，越来越多的工业领域开始使用机器学习，但在散货港口污水处理领域的研究却不多[76]。张兵锋[77]针对晋煤集团成庄矿选煤厂原有煤泥水处理过程中存在的问题，提出了絮凝剂与助滤剂协同控制模型。原有处理过程中没有考虑到二者协同作用，导致药剂添加模式不合理，

---

① NTU 为散射浊度单位。
② FS 为 full-scale，代表仪器的量程范围。

药耗较高等。该模型以入料浓度、入料流量、溢流浓度与底流浓度、压滤周期、滤饼水分分别作为 BP 神经网络输入量对絮凝剂与助滤剂的需求量进行预测，然后通过 APSO 算法进行优化求出最终实际药剂添加量。邵清和王然风[78]提出了一种基于 PSO-LSSVM 的浓缩池溢流浓度的预测方法，根据现场获得的数据组建溢流水浊度数据库并构建预测模型，并以粒子群算法（PSO）优化最小二乘支持向量机（LSSVM）模型中的相关参数，经仿真验证结果表明预测精度较高。吴桐等[79]针对选煤厂浓缩机煤泥沉降过程煤泥厚度检测困难，相关检测仪器价格昂贵、检修困难且可靠性较差等情况，提出了利用浓缩过程可测变量，通过对万有引力搜索算法（GSA）优化最小二乘支持向量机（LSSVM）模型中的相关参数，建立了一种基于 GSA-LSSVM 的浓缩机煤泥沉降厚度预测模型，对于实现选煤厂浓缩机运行过程中关键参数在线检测和闭环优化控制具有重要意义。任浩[80]针对晋煤集团煤泥水处理效率低、药剂浪费严重等现状，设计了一种基于 BP 神经网络的浓缩机药剂添加系统，并在寺河矿选煤厂进行工业性试验。通过该系统的应用，实现了自动预测加药量并自动加药，大大降低了药剂使用量，提高了煤泥水处理的效果。辛改芳和汤文[81]提出了基于模糊神经网络的煤泥水自动加药控制策略，并设计了煤泥水沉降与药剂添加量之间的控制规则，防止了药剂的过投和欠投现象，实现煤泥水的快速分离和药剂的最优使用，为煤泥水自动加药系统的完善提供了支撑。Sahoo 等[82]提出了一种基于人工神经网络的针对煤泥水表观黏度参数的影响模型，建立了一个 4-2-1（4 个输入神经元、2 个隐藏神经元、1 个输出神经元）的拓扑结构，相关参数的期望值证明该神经网络模型鲁棒性比较令人满意。

在港区管网、泵站等涉水设施的监测与调控方面，针对污水收集管网，《水运工程环境保护设计规范》（JTS 149—2018）、《煤炭矿石码头粉尘控制设计规范》（JT/S 156—2024）等相关行业规范依据城市径流污水的特点，提出港口雨污分流及初期雨水截留处理的相关要求，但由于缺乏港口径流雨污水水质水量特征及初期雨水的相关研究支撑，在港区污水管网工程设计中难以执行。另外，近年来极端降雨天气频发，港区雨污水未经分流导致污水处理系统超负荷运行，未经及时处理的雨污水在港区内蓄积，严重影响港区正常生产作业。国内外对城市屋面和道路径流污染控制已开展了大量相关研究，由于径流污染的不确定性和地域性较强，目前尚未见针对港区径流污染特征的污水管网分区分时收集、雨水管网错峰缓峰排放的系统性研究。针对供水管网，目前港区供水管网的压力控制及漏损管理均采取人工经验判断、巡检等方式。国内外关于城市供水管网的优化调度已有较多的理论研究，并在上海、北京、安徽等地的部分实际管网中实现了分区管理，取得良好的漏损控制效果[83]。Gao 等[84]研究了在满足需水量、压力和质量的前提下，同时以管网泄漏和功耗为优化目标，以泵、阀门开闭为决策变量，通过最优泵调度建立多源配水系统泄漏控制模型。在此模型的基础上，确定了供水系统的分区方案和泵的调度方案。Germanopoulos[85]提出了一种在配水系统的模拟模型中包括压力需求和泄漏的技术，描述了泄漏损失与管网压力的经验函数，并将这些函数整合到网络分析问题的数学公式中。刘冬明[86]提出了一种用维纳模型来表示供水管网压力调控系统中用水节点水头和可调节水力元件流量之间的非线性动态关系的方法，并利用 EPANET 软件模拟运行时提供的各时刻的水泵流量、用水节点需水量和水头，验证了该用水节点水头的分布式区间预测控制策略具有实用性。向小宇[87]基于闭环控制的压力控制方法，对供水管网压力控制系统进行了设计及性能分析。他建立了控制系统数学模型，为压力控制系统的性能分析提供理论依据，并对系统的动态性能进行分析，为后续的参数优化提供了一定的借鉴。然而，如何结合港区生产作业用水的压力需求，建立港区供水管网的分区，优化供水管网泵站、阀门等协同调度，目前仍未见到相关的研究报道。

在港区水资源调配监测与控制方面，目前国内大部分港口尚不具备水资源调配功能，黄骅港建立了四级水资源调度体系，但在实际操作中多靠人工调度，无法根据前端用水需求、后端水回收计划及各泵站水网的实时状态，制定动态蓄水计划及调水策略。国内外对于城市多水源供水系统的优化调度的研究多集中在水质水量联合调度等方面，即城市供水系统地域范围较广，需同时保障供水边缘地带的饮用水水质和水量。多水源供水格局下的水资源配置的关键在于水源利用规则的制定[88]。一方面，不同水源的水质条件不同，对应的供水用户也不同，例如，中水、雨水主要用于生产和生态供水，不能用于居民生活供水，多水源配置应遵循分质供水、优水优用的基本原则。另一方面，水资源配置方案受水源利用的优先次序的影响，多水源配置应遵循本地水先于境外水、供水成本较低水源先于成本较高水源的基本原则。再一方面，就是基于地区特点的水源利用规则，例如，针对地下水漏斗严重的华北地区，需尽量压采地下水；针对沿海地区，需强化海水的直接利用和淡化利用，但同时还要避免系统总供水成本的大幅度提升；针对工业密集地区，则需提高中水的回用力度，同时考虑雨水的收集利用。结合上述水源利用规则，诸多学者对多水源配置展开了研究：Tabari 和 Soltani[89]开发了用于管理多水源联合利用的多目标模型，以最大限度地提高供水系统的可靠性，同时结合多水源供水的优先次序寻求成本尽可能低的水资源配置方案；Viera 等[90]综合考虑降低城市供水系统运营成本、满足用户需求以及分质供水等目标，构建了基于优化模拟技术的多水源配置模型，用于辅助管理者制定大规模多源供水系统的最佳运行方式；Al-Zahrani 等[91]针对沙特阿拉伯首都利雅得市多水源多用户的水资源分配问题，提出了多目标规划模型，以权衡利雅得市 2045 年至 2050 年的水资源规划目标：最大限度地满足用户的水量和水质需求、最大化农业用户的中水回用、最大限度地减少地下水开采、最大限度地降低供水总成本。韩雁和许士国[92]详细分析了城市多种水资源以及多用水户的特点，构建了城市多水源—多用户供水系统的框架结构，并建立了合理配置的模型。梁国华等[93]从水量、水质、成本角度综合分析了大连市常规水源、非常规水源对水资源配置的影响，分析了水资源利用的优先次序。相较城市而言，港区供水范围较小，且港区作业用水对水质要求较低，但对供水及时性要求较高。此外，港区的供水水源（如船舶压舱水）波动性较大，目前尚未见针对港区生产作业用水特征、再生水水源供水特征的水资源优化调度相关研究。

1.2.4　国内外研究现状总结

1. 散货港口雨污水排放控制及资源化利用理论体系尚不完善

散货港口污水产生来源多类异质，降雨条件下，港口码头面、堆场区、油库罐区等不同下垫面产生的不同类型径流污水（煤污水、矿石污水、油污水等）水质水量特征差异明显；非降雨条件下，煤污水和矿石污水产生源强受物料含水率控制影响，油污水和生活污水产生源强则由船舶上岸接收量和港区生活生产产生量共同决定。揭示不同降雨条件下径流污水水量变化，以及不同作业控制条件下主要污水产生源强的变化，是实现港口雨污水资源化高效利用的理论前提。但相关研究尚不完备。在污水回用去向方面，港口实时生产工艺流程涉及多层级、多样化用水需求，如喷淋抑尘用水、道路冲洗用水、绿化用水等不同类型用水水质差异明显，亟待建立污水产生来源与回用去向相适应的污水资源化利用理论。

2. 散货港口雨污水高效处理和智能调控技术亟待开发

国内部分散货港口已经完成煤/矿石污水生产污水站的自控改造，初步实现污水站的远程控制，但污水混凝处理核心加药环节的控制多采用传统的 PID（proportional integral derivative）控制或逻辑控制，尚未实现基于实时进水水质水量的智能加药控制。由于港口污水处理存在时变性与滞后性特征，传统的控制策略导致加药量不准确及出水水质波动。港口含油污水处理方面，受到港区业务量的影响，目前其处理站大多采取间歇式运行模式。这种模式进水水质波动较大,设备运行状态不稳,污水处理难度增加,存在系统难以稳定运行的问题,处理工艺亟待优化。对于港口生活污水,多采用生物处理法,污水包括港区生活污水及接收的船舶生活污水等。目前,生活污水站大多依靠人工经验进行运维,受到来水波动的影响和人员技术水平的限制,生物处理系统应对冲击负荷的能力较弱,处理效果不稳定。因此,亟待开发散货港口多类异质雨污水高效处理和智能调控技术,以提升雨污水处理智能化水平和运行稳定性。

3. 散货港口雨污水资源化利用智能监控调度水平亟待提升

目前国内多数散货港口安装了水质、水量在线监测设备,但监测设备的布设多以监测出水是否达标为目标,尚未形成以支撑污水智能处理及水资源高效利用为目标的水环境监测网络,同时缺乏智能化的数据分析手段,监测数据难以指导港口污水治理与中水回用作业过程。国内外相关研究多集中在利用新型传感器或通信技术提高环境监测的自动化水平方面,针对港口的水环境监测网络布设方案研究及港口环境监测数据挖掘分析算法研究尚不成熟。污水回用调度方面,目前多数散货港口雨污水回用调度系统的运作方式主要依靠人工经验,未实现与港口污水处理站运行工况及水系统监测数据的实时联动,难以根据实时用水水质水量需求做出快速、科学的响应。因此,亟须突破散货港口雨污水智能监测控制及优化调度技术,实现港口雨污水收集—处理—回用全过程衔接匹配。

4. 散货港口雨污水资源化利用智能管控平台亟待开发

当前,港口行业正如火如荼推进新质生产力发展,通过采用5G、大数据、人工智能、自动化等技术,实现了作业流程的智能化和无人化,极大地提升了作业效率和安全性。智慧化、集成化和协同化也已成为散货港口雨污水治理和资源化利用的重要趋势。具体来说,通过工业物联网、大数据、云平台、人工智能、网络通信、系统集成等先进技术构建智慧管控平台,打通"环境监测—污染反馈—智能控制"全链条,实现散货港口雨污水产生排放环节的实时在线监测、统计分析、可视化展示和智能化控制;通过对港区雨污水的监测和信息传递,实现散货港口雨污水资源化高效利用智能动态管控系统的一体化和智慧化,并为港口环境质量持续改善提供科学的数据和决策支持。

2 散货港口雨污水产生源强及多途径资源化利用理论

2.1 港口不同类型雨污水产生量预测模型

2.1.1 煤污水和矿石污水产生量预测

港口煤污水和矿石污水主要包括港区生产作业产生的污水(翻车用水、翻车机和转接机房中压冲洗、堆场和筒仓高压冲洗喷洒等)和雨天港区堆场、码头面产生的径流雨污水。

1. 港区生产作业产生的含煤、矿污水

港区生产作业产生的煤污水和矿石污水主要来自翻车用水、翻车机和转接机房中压冲洗、堆场和筒仓高压冲洗喷洒等,其中翻车机和转接机房中压冲洗用水量(W_1)和筒仓高压冲洗用水量(W_2)可通过统计方法,结合前3~5天的历史数据,对冲洗用水量进行预测。

1)翻车用水

对翻车机洒水量、卸车时长、洒水平均流量、煤种、翻车机、是否降雨相关变量进行皮尔逊(Pearson)相关性分析,以相关性强的变量为主要研究对象进行数学建模。翻车用水量(W_3)预测模型如下:

$$W_3 = \sum_{i=1}^{N} \left[(1-J)T_i Q_i + J\bar{T}_i \bar{Q}_i \right] \tag{2.1}$$

式中,$\bar{T}$ 与 $\bar{Q}$ 分别为下雨时选择的洒水档位下的卸车时长(min)和平均流量(L/min),雨天根据洒水持续时长,洒水档位按照降一档或按不洒水计算;T 为分车型平均卸车时长,min;N 为计划到港车数;Q 为各翻车机各档位洒水平均流量,L/min;J 为是否降雨,"是"取值"1","否"取值"0"。

2)高压用水

港口高压用水主要在堆场、筒仓使用,主要包括洗带用水、喷枪用水和臂架洒水等。

洗带用水量（W_4）可通过式（2.2）计算：

$$W_4 = T \times Q \times N \qquad (2.2)$$

式中，T 为皮带作业时间，min；N 为皮带作业数量；Q 为洗带洒水流量，L/min。

喷枪和臂架用水量主要依据洒水模型预测，结合起尘预测结果，分析次日起尘风险，推算洒水次数，计算出日洒水量（W_5），作为未来 24h 喷枪和臂架用水量预测结果：

$$W_5 = \sum_{i=1}^{N}(t_i \times v_1) + \sum_{j=1}^{M}(t_j \times v_2) \qquad (2.3)$$

式中，N 为单日喷枪洒水次数；t_i 为喷枪第 i 次洒水时长，min；v_1 为喷枪出水流量，L/min；M 为单日臂架洒水次数；t_j 为臂架第 j 次洒水时长，min；v_2 为臂架出水流量，L/min。

3）港区生产作业产生的含煤、矿污水

污水排放系数取 0.9，则港区生产作业产生的含煤、矿污水量（W_s）为

$$W_s = 0.9(W_1 + W_2 + W_3 + W_4 + W_5) \qquad (2.4)$$

2. 港区含煤、矿径流雨污水

1）含煤、矿径流雨污水现状特征研究

为探究散货港口码头不同降雨条件和不同下垫面雨污水污染变化规律和特征，在煤炭、铁矿石等不同类型散货港口现场安装传感器阵列，用于监测径流污染相关指标，传感器阵列如图2.1所示，包括智慧电导率电极、智慧浊度电极、雨雪传感器、雨量传感器和液位传感器。

(a)　　　　　　　(b)　　　　　　　(c)　　　　　　　(d)

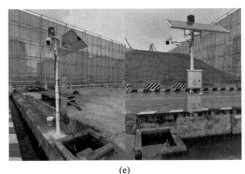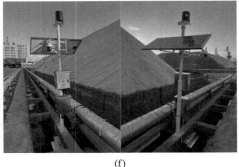

(e)　　　　　　　　　　　　　　　　　　　(f)

图 2.1　散货港口现场在线监测设备

(a)雨雪传感器；(b)雨量传感器；(c)液位传感器；(d)智慧浊度电极和电导率电极；
(e)煤炭港口现场设备；(f)矿石港口现场设备

（1）铁矿石码头不同降雨条件下径流污染变化规律。

在不同降雨条件下，对铁矿石堆场区进行雨水径流自动采样监测，分析浊度、电导率、TDS 径流污染水质特征，考察径流污染随降雨的变化规律。比较不同降雨条件下污染指标的最大值、最小值、平均值及变异系数。变异系数（C_v）计算公式如下：

$$C_v = \frac{\sigma}{\mu} \tag{2.5}$$

式中，σ 为某采样点某指标系列数据的标准差；μ 为这一组数据算术平均值。

①平时喷淋产生的径流污水水质。

根据采集到的数据分析（图2.2），针对平时喷淋产生的径流污水，铁矿石码头前沿的径流污水浊度较低，平均值保持在 0.2NTU 以下。相比之下，堆场的径流污水在刚抽取时浊度较高，但随着污水的不断抽取和稀释，堆场浊度逐渐降低，最终趋于与码头前沿相似的较低水平。电导率和 TDS 在码头前沿和堆场均保持稳定，但堆场的电导率和 TDS 值显著高于码头前沿。这种差异主要与堆场堆放的大量铁矿石有关，喷淋产生的径流中含有更多溶解矿物质（如 Fe^{2+}、Fe^{3+}），从而导致电导率和 TDS 的高值。

通过对比分析可以看出，铁矿石堆场平时喷淋产生的径流污水污染程度显著高于码头前沿（图2.2）。这主要是由于堆场堆放着大量铁矿石，径流冲刷过程中会携带较多铁矿石颗粒和溶解物质。而码头前沿地面仅存在运输时散落的少量铁矿石，因此其径流污染较轻。此外，堆场径流路径较长且流速更快，也可能增加泥沙及颗粒物的携带量。

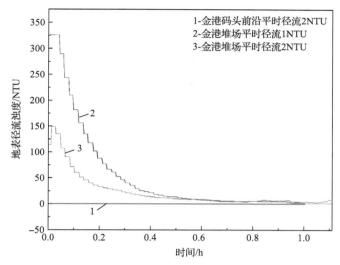

图 2.2　铁矿石码头前沿和堆场区域平时喷淋产生的径流污水特征

②小雨时的径流污水水质。

在小雨条件下，铁矿石码头前沿的径流污水浊度保持在一个较低且稳定的范围内。这表明码头前沿区域地表污染源较少，降雨对径流水质的影响较小。而堆场的径流污水浊度在降雨开始后迅速上升，在前 5min 内达到峰值228.02NTU，随后逐步下降至较低值(图2.3)。这种变化反映了降雨初期对地表铁矿石颗粒的强烈冲刷作用以及随后的稀释和沉降作用。

铁矿石码头前沿电导率和 TDS 因雨势较小，在抽取监测时基本保持稳定且差距不大。而堆场的电导率和 TDS 在降雨初期较高，随着整个降雨过程逐渐下降，最后趋于稳定。对比分析可知，在雨势较小的情况下，堆场的污水浊度相较码头前沿的污水浊度高出许多。在污水汇入初期，堆场污水的浊度会迅速增加到峰值，后随着大量污水的汇入，浊度不断降低。码头前沿和堆场电导率和 TDS 显示出一定差异，堆场的电导率在降雨初期到末期于小范围内下降，而TDS 从 499.74mg/L 降至 290.46mg/L，这可能与矿石中的溶解性污染物稀释作用有关。

③中雨时的径流污水水质。

研究区域降雨-浊度响应特征表现出显著的时空异质性(图 2.4)。这种差异可能源于两个区域下垫面特征和污染物累积模式的不同。特别地，在降雨初期，码头前沿区域表现出更显著的首波污染冲击效应，浊度峰值可达 245.76NTU，堆场区域峰值达到 165.2NTU。降雨地表径流汇入一段时间之后，浊度呈逐步降低趋势，降低至 0.15NTU 并保持稳定。从降雨强度与浊度的响应关系来看，两个区域均表现出明显的正相关性。码头前沿区域表现出更高的相关系数（R=0.72），说明该区域的地表径流水质对降雨过程的敏感性更强。这种差异性响应特征与区域特定的污染物积累-冲刷过程密切相关。通过对 TDS 数据的分析发现，引桥区域的 TDS 平均值为 397.67mg/L，而堆场区域约为 3250.1mg/L。这一显著差异表明了堆场区域可能存在更为复杂的污染物组分特征，可能与堆场的地表物质积累有关。

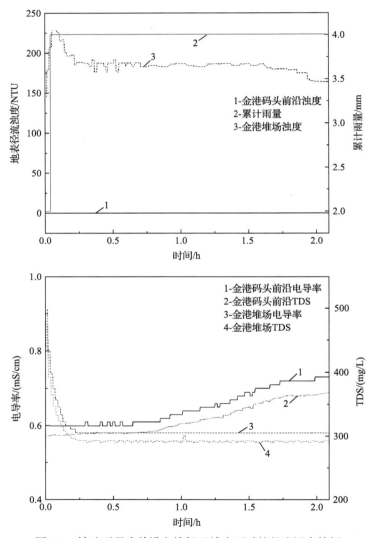

图2.3　铁矿石码头前沿和堆场区域小雨时的径流污水特征

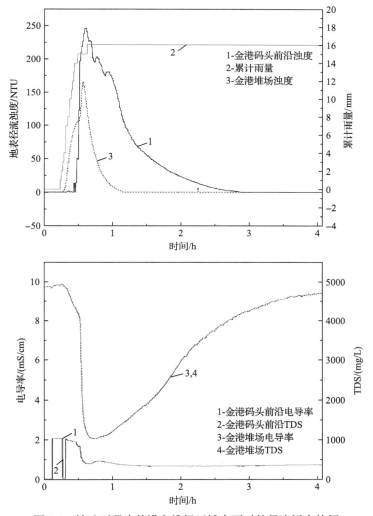

图 2.4 铁矿石码头前沿和堆场区域中雨时的径流污水特征

对比分析可知，在降雨初期雨势较大时，两个监测点位的污水浊度均以较快速度升高至较高水平。但随着雨势逐渐变小和雨水的不断汇入，两处的污水的浊度也逐渐降低，直至较低水平，基本呈突增—缓降的趋势；电导率和 TDS 的变化趋势正好与浊度的变化趋势大致相反，堆场的变化差值较码头前沿的变化较大。

④暴雨时的径流污水水质。

根据采集到的数据分析可知(图 2.5)，在暴雨的情况下，铁矿石码头前沿污水浊度在降雨初期升高至 193.04NTU 后不断降低，但随着雨势的不断变大，浊度以较快的速度升高至 523.27NTU 并波动保持在较高水平。随着雨势变小，浊度快速降低，但会随着降雨不断波动，直至降雨停止后，浊度才稳定降低。堆场初期污水的浊度上升至 870.34NTU，污水汇入一段时间后，浊度呈逐步降低趋势，降低至 0.16NTU 且维持稳定。但因又有降雨，导致浊度提升至137.82NTU，很快又恢复逐步降低的趋势，降低至 0.14NTU。码头前沿的电导率和 TDS 较为稳定，受降雨影响较小，维持在较低水平；堆场的电导率和 TDS 随着污水的不断汇入，呈降低—升高—降低—升高的波动趋势，波动差值较大且与浊度的波动趋势正好相反。

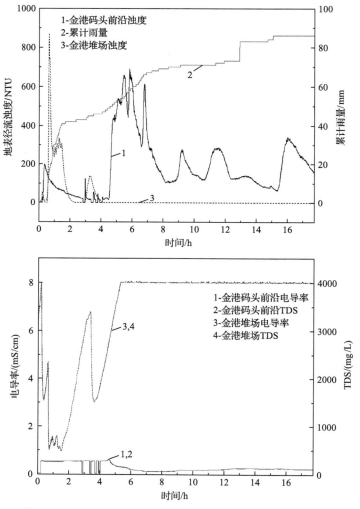

图 2.5　铁矿石码头前沿和堆场区域暴雨时的径流污水特征

对比分析可知，两处监测点位的污水浊度受降雨雨势大小影响较大。堆场初期浊度显著高于码头前沿，这是因为堆场长期堆放铁矿石，表面积累了大量易被冲刷的细小颗粒物。随着持续冲刷，表层污染物逐渐被带走，后续降雨的冲刷强度相对减弱。在污水汇入初期，浊度会迅速增加到峰值，后随着大量污水汇入，浊度不断降低至一个较低的水平，基本呈突增—缓降的趋势；电导率和 TDS 的变化趋势正好与浊度的变化趋势大致相反，且堆场的污水较码头前沿的污水变化差值较大。

⑤短时强降雨时的径流污水水质。

根据采集到的数据分析可知（图2.6），在短时强降雨的情况下，铁矿石码头

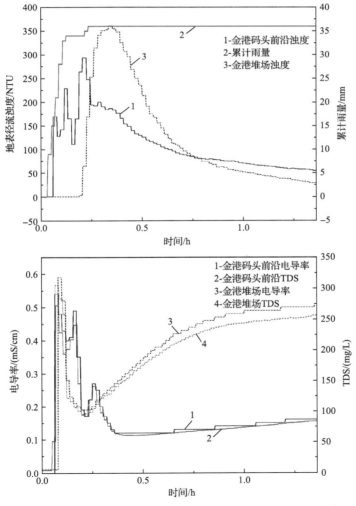

图 2.6　铁矿石码头前沿和堆场区域短时强降雨时的径流污水特征

前沿污水的浊度在降雨初期瞬时降雨量较大时，迅速提高至 225.93NTU，在下雨停止后逐渐降低至52.07NTU，其中仅在降雨过程中因雨势较小而导致浊度降低至 110.47NTU；堆场污水的浊度在降雨后迅速提升至 360.38NTU，在降雨停止后缓慢降低至较低水平。码头前沿污水的电导率和TDS值波动趋势基本与浊度相同，随着降雨过程逐渐提高，在雨停后降低至较低水平并保持稳定；堆场污水的电导率和 TDS 值在降雨初期突增至较大值，但随着降雨进行，突然降低至较小值，在降雨结束后逐渐降低并保持稳定。

对比分析可知，两个监测点位的污水受降雨雨势大小影响明显。降雨前期，随着大量雨水冲刷，含铁矿石的污水汇入导致浊度明显大幅度升高，此情况在降雨停止后立马得到缓解并稳定下降，总体呈升高—降低—稳定的趋势。而码头前沿呈现明显的峰谷特征（262.93NTU→110.47NTU→50.2NTU），反映了降雨强度变化对地表污染物冲刷的直接影响。多级下降说明存在多批次污染物的累积和冲刷过程，可能与装卸作业产生的分散污染有关。污水的电导率和 TDS变化趋势正好相反，码头前沿的变化趋势基本和浊度变化趋势相同，而堆场的变化趋势基本与浊度相反，随着浊度的升高而降低和浊度的降低而升高。码头前沿表现出对降雨强度更敏感的快速响应特征，而堆场则呈现出较为滞后的缓冲效应，这与两个区域的功能定位、汇水面积和污染物存在形式密切相关。

通过对铁矿石码头不同降雨条件下径流污水特征的系统分析表明，污染物迁移表现出显著的时空异质性和非线性特征。研究发现，降雨强度与污染负荷之间存在复杂的响应关系：在平时喷淋状态下，码头前沿浊度维持在 0.2NTU 的低值（变异系数 0.04～0.08），而堆场区域则呈现出高峰值（最大120NTU）与低基值（90%的数据小于 10NTU）并存的特征。随着降雨强度增加，两个功能区的污染特征差异逐渐放大，在暴雨条件下达到最显著：堆场浊度峰值（870.34NTU）较码头前沿（523.27NTU）高出 66.3%。这种差异性主要源于两个区域污染物累积机制和水文过程的不同：码头前沿以地表分散污染为主，呈现出对降雨强度的快速响应；堆场则因铁矿石的表面物质持续溶解作用，表现出明显的滞后效应和缓冲特征。特别是在短时强降雨条件下，瞬时冲击导致的污染物快速迁移，使得金港码头前沿的电导率和 TDS 变异系数较堆场高出 2 倍左右，这种现象为理解极端天气条件下港口径流污染的产生机制提供了依据。

综上所述，铁矿石码头地表径流污染呈现出显著的时空异质性和功能区差异。监测数据表明，降雨初期的首波污染效应在两个功能区均有体现，但表现形式存在明显差异：码头前沿表现为多峰型浊度变化，最高可达 523.27NTU，反映了装卸作业带来的分散性污染特征；堆场则呈现单峰后持续下降的模式，峰值可达870.34NTU,体现了铁矿石堆存的集中污染特性。污染物迁移过程中,浊度与降雨强度呈现非线性正相关,特别是在暴雨和短时强降雨条件下,"冲击负荷"效应显著。堆场区域的电导率和TDS与浊度呈现明显的反相关性,这种现象源于铁矿石的溶解—稀释过程,最大变异系数达0.5,是码头前沿的两倍。两个功能区的这种差异性响应特征,反映了污染物累积机制和水文过程的根本差异:码头前沿以地表分散污染为主,对降雨强度表现出快速响应特征;堆场则因固定污染源的持续作用,具有明显的滞后效应和缓冲特征。这种系统性认识为制定差异化的港口径流污染分质处理方案提供了科学依据。

(2)煤炭码头不同降雨条件下径流污染变化规律。

对煤炭码头堆场区和码头面进行了雨水径流自动采样监测,分析了浊度、电导率、TDS径流污染水质特征,考察了径流污染随降雨的变化规律。

①平时喷淋产生的径流污水水质。

根据采集到的数据分析可知(图2.7),针对平时喷淋产生的径流污水,煤炭码头前沿的污水浊度较稳定,基本保持在20NTU左右波动。堆场的污水在抽取监测初期时浊度升高并保持在170NTU附近不断波动,最大可达213.22NTU,随着污水抽取的进行,污水浊度也在不断降低至相对较低水平。

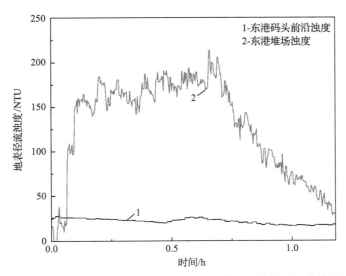

图2.7 煤炭码头前沿和堆场区域平时喷淋产生的径流污水特征

对比分析可知,堆场平时喷淋产生的径流污水污染程度相较于码头前沿较高。这是由于堆场堆放着大量煤炭,喷淋产生的径流含煤量较大,这就导致了堆场的污水当开始抽取监测时污染程度较高,但随着不断冲刷,污泥不断减少,浊度也持续降低至较低水平。而码头前沿地表径流内以平时运输时散落的煤炭粉末为主，使得地表径流污水污染程度较低。

②中雨时的径流污水水质。

根据采集到的污水数据可知(图2.8)，在中雨的情况下，煤炭码头前沿的初期污水的浊度先上升至49.01NTU后降低至0.12NTU且趋于平稳，污水汇入一段时间后，随着降雨的进行，浊度突然升高至99.32NTU后又迅速降低至0.1NTU。这表明码头前沿的污染源较少，且大部分可在降雨初期随着雨水的冲刷进入采样器。后期浊度的突然升高可能是由部分距离较远的污染源流入采样器需要一定时间造成的。相比之下，堆场污水的浊度在降雨初期猛增到211.54NTU后，迅速降低至56.7NTU，随后以较缓的速度波动降低至0.14NTU并保持稳定。这种变化是由于随着降雨的进行，污水中煤炭颗粒含量从高到低造成的。

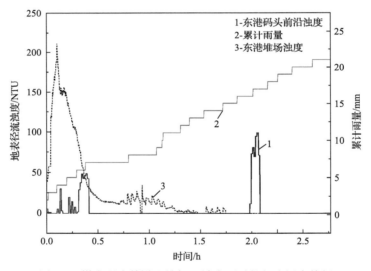

图 2.8　煤炭码头前沿和堆场区域中雨时的径流污水特征

对比分析可知，堆场和码头前沿的径流污水浊度均受降雨雨势大小影响，浊度变化趋势均为随着降雨猛增到峰值后降低至较低水平且基本维持不变。这些差异反映了不同区域在污染物积累和冲刷过程中的特征：码头前沿的污染源容易在初期被快速冲刷，对初期雨水冲刷敏感。而堆场区域因存在更为复杂的污染物积累，导致其污染程度在降雨初期显著升高，并随着时间推移逐渐降低。

③大雨时的径流污水水质。

根据采集到的污水数据(图2.9)，在大雨条件下，煤炭码头前沿和堆场的污水水质表现出显著的变化特征。在降雨初期，码头前沿的污水浊度迅速上升至579.63NTU，随着雨势减弱，浊度逐渐波动降低至168.23NTU；当雨势再次增强时，浊度快速回升到360.28NTU，之后又逐渐下降至较低水平。相比之下，堆场的污水浊度在降雨初期同样快速升高，至492.03NTU后迅速下降，但随着雨势加大，浊度出现反弹上升的趋势至332.12NTU，不过很快又降低，总体呈现出先升高后降低的趋势。根据雨势和浊度数据可知，两个区域均呈现较为明显的正相关性，且堆场在降雨期间的地表径流水质受雨势的影响更为明显。堆场变化与码头前沿相似，即随着降雨量的增加而逐步降低，最后保持在一个与码头前沿差距较小的低水平上保持稳定。这也再次证明了两个区域的污水污染程度与地表存在的污染源量有较大关系。

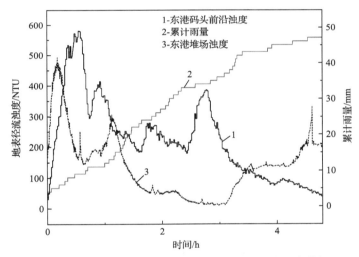

图 2.9 煤炭码头前沿和堆场区域大雨时的径流污水特征

对比分析显示，码头前沿和堆场的污水特征均受雨势大小影响较大，两者在降雨初期都会经历浊度的急剧上升，随后随雨势变化而产生对应趋势的波动，最终逐渐降低。电导率和 TDS 则在降雨过程中持续减少并趋于稳定，保持在较低水平。这种变化趋势反映了降雨对地表污染物冲刷作用的即时效应以及后续的稀释作用。

④暴雨时的径流污水水质。

据采集到的污水数据可知(图 2.10)，在大雨的情况下，煤炭码头前沿污水的浊度会随着降雨迅速升高至 44.69NTU，但随着降雨雨水的不断汇入，浊度逐渐降低至 0.1NTU 并保持稳定。堆场污水的浊度在降雨初期以较快的速度波动上升至 272.18NTU 后，随着大量污水的汇入，逐渐降低至 92.7NTU。

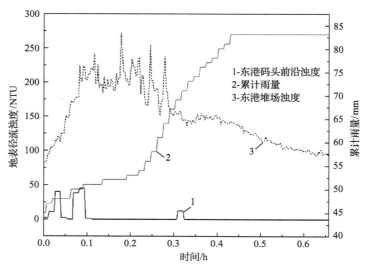

图 2.10　煤炭码头前沿和堆场区域暴雨时的径流污水特征

对比分析显示，码头前沿和堆场的污水浊度均受雨势大小的影响显著。在雨势较大时，浊度迅速上升至峰值，而随着雨势减小，浊度随之减少并最终保持稳定。这种变化特征反映了不同区域对降雨响应的差异：码头前沿的污染源相对较少，初期雨水冲刷能够快速带走大部分污染物，因此浊度迅速达到峰值后很快回落并保持稳定。而堆场由于长期堆放煤炭，地表表面积累了大量煤炭污泥，导致其初期浊度显著高于码头前沿。随着持续冲刷，表层污染物逐渐被带走，后续降雨的冲刷强度相对减弱，使得浊度在达到峰值后逐步降低。

对于平时喷淋用水污水，码头前沿的浊度变异系数较低(0.15)，表明监测数值较为一致且变化不大，维持在相对较低的 20NTU。相比之下，堆场的浊度虽然变异系数(0.4)略高，最大值达到 213.22NTU，但由于所有监测数据中较大值居多，导致其变异系数相对较低。随着不同降雨的进行，两个功能区的污染变化差异逐渐显现，在暴雨时差异最大：码头前沿的变异系数(3.1)较堆场(0.3)高出 933%。这种巨大的差异主要源于两个区域污染物积累机制和水文过程的不同：码头前沿以地表分散污染为主，呈现出对降雨强度的快速响应。堆场则因煤炭的表面物质持续溶解作用，表现出明显的滞后效应和持续性。随着雨势的变大，堆场浊度变异系数不断降低(1.4—0.7—0.3)，这反映了堆场污染物随时间逐渐持续释放的过程以及雨水的稀释作用。

2) 港区含煤、矿径流雨污水产生量预测

降雨时，港区产生的含煤、矿的径流雨污水量(W_y)可通过式(2.6)计算：

$$W_y = \varphi \times q \times F \times t \times 0.06 \tag{2.6}$$

式中，φ 为径流系数，依据堆场场地铺砌类型确定取 0.1～0.4；F 为汇水面积，ha；t 为汇水时间，min，发生短时强降雨时，汇水时间为短时强降雨开始至结束后 1h，未发生短时强降雨时，汇水时间为 15min；q 为当地暴雨强度，L/(s·ha)，暴雨强度按照当地暴雨强度公式计算：

$$q = \frac{167 A_1 (1 + C \lg P)}{(t + b)^n} \tag{2.7}$$

其中，A_1、C、b、n 均为当地暴雨强度公式参数；P 为重现期，可取为 2a；t 为降雨历时，min。

综上，港口煤污水和矿石污水产生量（W）为

$$W = W_s + W_y \tag{2.8}$$

2.1.2 含油污水产生量预测

港口含油污水主要包括港区油库区生产含油污水和上岸接收的船舶含油污水两部分。

1. 港区油库区生产含油污水

港区油库区生产含油废水主要来源于以下几个方面：油罐清洗水、油罐切水和危废间污水、装卸区和油罐区冲洗水、初期雨水，以及应急演练和事故状态下的消防废水和修理厂船坞维修废水等，其中油罐清洗水水量根据石油库安全管理制度规定，油罐每 3～5 年清洗一次，油罐清洗水排水量与油罐容量相关，可根据油罐清洗排水量统计数据确定（Q_1）；油罐切水和危废间污水、修理厂船坞维修废水水量较小，可忽略不计；初期雨水量可根据式（2.9）计算：

$$Q_2 = n \times \varphi \times q \times F \times t \times 0.06 \tag{2.9}$$

式中，Q_2 为初期雨水量，m³/a；φ 为径流系数，油库硬化地面可取为 0.9；F 为油库区汇水面积，ha；t 为汇水时间（15min）；n 为全年降雨次数；q 为当地暴雨强度，L/(s·ha)，暴雨强度按照当地暴雨强度公式计算[式（2.7）]。

若无油罐清洗排水量统计数据时，根据以往工程经验，油库区生产含油废水年产生量可按库容的 3%～5%计算。

2. 上岸接收的船舶含油污水

1)含油压舱水量

$$Q_3 = \sum_1^m \beta_i \times W_{Gi} \times N_i \tag{2.10}$$

式中，Q_3 为含油压舱水量，m^3/a；W_{Gi} 为第 i 种船载重量，t；β_i 为第 i 种船压舱水比例，取值范围为 12%～24%；N_i 为第 i 种船全年靠港的总艘次。

2)舱底油污水量

$$Q_4 = \sum_1^m \alpha \times (W_{Ni} \times f_N \times N_i + W_{Ti} \times f_T \times T_i) \tag{2.11}$$

式中，Q_4 为舱底油污水量，m^3/a；f 为权重系数，参数值见表 2.1；α 为修正系数，参数值见表 2.1；W_{Ni} 为第 i 种船每艘次船舶产生的油污水均量推荐值，t/艘次，参数值见表 2.1；W_{Ti} 为第 i 种船每万总吨船舶产生的油污水均量推荐值，t/万 t，参数值见表 2.1；T_i 为第 i 种船年进港船舶总吨，万 t/a。

表 2.1　污染物产生量计算参数值

技术参数		机舱残油污水
污染物均量推荐值	W_N	0.20
	W_T	2.00
权重系数	f_N	0.10
	f_T	0.90
修正系数	α	0.30

3)洗舱水量

$$Q_5 = \sum_1^m \lambda \times W_{Gi} \times T_i \tag{2.12}$$

式中，Q_5 为洗舱水量，m^3/a；W_{Gi} 为第 i 种船载重量，t；λ 为船洗舱水比例，取值范围为 15%～20%；T_i 为第 i 种船全年洗舱次数，次。

综上，港口含油污水产生量(Q)为

$$Q=Q_1+Q_2+Q_3+Q_4+Q_5 \tag{2.13}$$

2.1.3 生活污水产生量预测

港区生活污水主要包括港区综合生活污水和上岸接收的船舶生活污水两部分。

1. 港区综合生活污水

1) 生活用水

$$Q_{a1} = q_1 \cdot N_1 / 365 \tag{2.14}$$

式中，Q_{a1} 为设计生活用水流量，m^3/d；q_1 为人均年用水定额，$m^3/(a \cdot 人)$；N_1 为设计人口数。

2) 绿化用水

$$Q_{a2} = q_2 \cdot N_2 / 1000 \tag{2.15}$$

式中，Q_{a2} 为港口绿化设计用水量，m^3/d；q_2 为绿化用水定额，取值为 $1.5 \sim 4.0 L/(m^2 \cdot d)$；$N_2$ 为港口绿化面积，m^2。

3) 洗车用水

$$Q_{a3} = q_3 \cdot N_3 / 1000 \tag{2.16}$$

式中，Q_{a3} 为港口洗车设计用水量，m^3/d；q_3 为洗车用水量定额，取值为 $250 \sim 600 L/(辆 \cdot d)$；$N_3$ 为港口车辆数量（辆）。

4) 管网漏损

管网漏损量取 1)~3) 项用水量之和的 10%考虑：

$$Q_{a4} = (Q_{a1} + Q_{a2} + Q_{a3}) \times 10\% \tag{2.17}$$

5) 未预见水量

未预见水量按 1)~4) 项用水量之和的 8%考虑：

$$Q_{a5} = (Q_{a1} + Q_{a2} + Q_{a3} + Q_{a4}) \times 8\% \tag{2.18}$$

6) 污水排放系数

污水排放系数取 0.9，则未考虑渗透系数的港口综合生活排水量为

$$Q_a' = 0.9(Q_{a1} + Q_{a2} + Q_{a3} + Q_{a4} + Q_{a5}) \tag{2.19}$$

7) 地下水渗入量

考虑地下水渗入量，则港口综合生活污水排水量为

$$Q_a = Q_a'(1+\eta) \tag{2.20}$$

式中，Q_a 为港口综合生活污水排水量；η 为地下水入渗系数，取 10%～15%。

2. 上岸接收的船舶生活污水

$$Q_b = \left(\sum_{i=1}^{m} N_i \times W_{Ni} \times D_i \times S_i\right) \times K_d / 365 \tag{2.21}$$

式中，Q_b 为靠港船生活污水上岸接收量，m^3/d；W_{Ni} 为第 i 种船生活污水人均产生量，$m^3/(d \cdot 人)$；N_i 为第 i 种船全年靠港的总艘次，次；D_i 为第 i 种船生活污水储存时间，d；S_i 为第 i 种平均船员数量，人；K_d 为船生活污水排放量日变化系数。

W_{Ni} 可根据船生活用水消耗定额×污水产生系数计算，污水产生系数可取值为 0.8；N_i 根据上一年度船靠港次数的统计数据确定；D_i 为船在 3n mile 内的航行时间和船靠港的时间之和（船距离最近陆地 3n mile 以上时可将生活污水粉碎后排海，不进行统计）；S_i 根据不同级别配备的船员数量定额确定；K_d 根据上一年港口船舶生活污水接收量统计数据确定。

综上，港口生活污水产生量（Q）为

$$Q = Q_a + Q_b \tag{2.22}$$

2.1.4　压舱水接收量预测

1. 压舱水水质水量多维特征变化规律

1) 压舱水水量变化规律

（1）压舱水总接收量年度变化规律。

对北方某沿海港口连续 4 个年度的实测压舱水接收水量进行监测分析。随着港口压舱水接收作业效率提升与压舱水接收基础设施建设完善，年度压舱水接收总量呈上升趋势，2017 年度至 2020 年度压舱水接收量分别为 52.94 万 t、59.14 万 t、98.04 万 t、148.44 万 t，2018 年度至 2020 年度上升比例分别为 11.71%、65.78%、51.41%。

2017 年度全年接收压舱水船舶共计 81 艘，基本实现压舱水代替大量生产

用水，收水效率排除船方管线压力的因素基本达到设计能力，实际收水量占到船舶带水量的85%。2018年度全年压舱水接收水量较2017年度无明显变化，全年接收压舱水船舶共计81艘，压舱水接收量约占全年港口用水总量的10.75%，占全年港口生产用水总量的15.60%。2019年，港口积极推进压舱水回收业务，强化各方沟通配合，改造压舱水供排水设备，优化压舱水收水工艺，科学制定压舱水收水策略，实现压舱水回收业务扩能、提效、创收。2019年度压舱水接收量较2018年度增加38.89万t，同比增长65.76%，全年接收压舱水船舶共计104艘，压舱水接收量约占全年港口用水总量的17.82%，占全年港口生产用水总量的25.80%，节约用水成本达490万元。2020年度压舱水接收量进一步提升，压舱水收水作业泊位增至7个，具备收水条件的船舶增至24艘，全年收水作业146艘次，较2019年增加44艘次，增长42.3%，全年累计收集压舱水148.44万m^3，较2019年增加50.4万m^3，增长51.4%，压舱水接收量约占全年港口用水总量的26.99%，占全年港口生产用水总量的39.06%，节约用水成本达740万元。

由年度用水量变化趋势得出，压舱水接收水量的限制因素主要为接收基础设施的设计能力和压舱水供排水设备的船岸匹配情况等。

(2)压舱水总接收水量月度变化规律。

对北方某沿海港口连续3个年度的平均每月的实测压舱水接收量进行监测分析，结果如图2.11所示。与年度压舱水接收量变化趋势相同，2017年度至2019年度月平均压舱水接收量呈现明显上升趋势，月平均压舱水接收量分别为

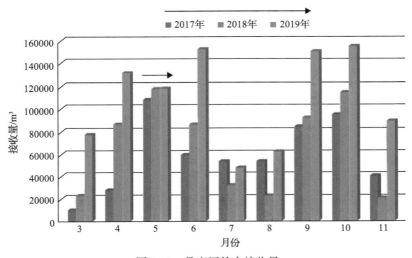

图2.11　月度压舱水接收量

5.88 万 t、6.57 万 t、10.89 万 t。

2017 年度 3~5 月份压舱水接收量呈现明显上升趋势,5 月份压舱水接收量达到最大值,为 10.75 万 t,随后 6~8 月份压舱水接收量明显下降,平均月压舱水接收量为 5.52 万 t,9~10 月份压舱水接收量出现第二波高峰,平均月压舱水接收量为 8.93 万 t。总体上,除 3 月份和 11 月份因天气原因压舱水仅接收半月时间外,4 月份压舱水接收量最低仅为 2.75 万 t。

2018 年度压舱水月度接收量变化趋势与 2017 年相似,5 月份压舱水接收量达到最大值,为 11.70 万 t。较 2017 年,2018 年度 4~6 月份压舱水接收量明显提升,其中 4 月份压舱水接收量同比上升 212.38%。而 7~8 月份较 2017 年接收压舱水量明显下降,8 月份收水量为全年度最低值,仅为 2.23 万 t,9~10 月份压舱水接收量出现第二波高峰,平均月压舱水接收量为 10.28 万 t,较 2017 年同比增长 15.12%。

2019 年度压舱水月度接收量较 2017 年度和 2018 年度呈现差异化变化趋势,6 月份压舱水接收量达到最大值,为 15.19 万 t。2019 年度压舱水接收量在 3~6 月份维持持续上升趋势,7~8 月份压舱水接收量出现断崖式下跌,7 月份压舱水接收量为全年度最低值仅为 4.76 万 t,9~10 月份压舱水接收量出现第二波高峰,平均月压舱水接收量为 15.23 万 t,较 2018 年同比增长 48.15%。

由月度用水量变化趋势得出,压舱水接收量在 7~8 月份为全年度最低,其主要原因为接收作业船舶艘次降低,约为 4~6 艘次,而其他月份月均接收约为 15 艘次。因 7~8 月份为雨季,港口压舱水储存设施(湖、库等)属高水位运行,从港口作业和水资源循环利用系统角度,雨季港口含煤雨污水产生量较大且生产作业抑尘用水量小,故港口含煤雨污水经处理后即可满足港口生产用水需求。7~8 月份压舱水接收量降低为港口方主动放弃接收压舱水,其主要原因仍是受岸基储存设施存储容量所限。

(3) 压舱水总接收水量日变化规律。

对北方某沿海港口连续 3 个年度的每日实测压舱水接收量进行监测分析如图 2.12 所示,2017~2019 年度,日平均压舱水接收量分别为 0.65 万 t、0.73 万 t、0.94 万 t,2018 年度和 2019 年度上升比例分别为 12.31% 和 28.77%;日平均压舱水接收流量分别为 839 m^3/h、930 m^3/h、1005 m^3/h,2018 年度和 2019 年度上升比例分别为 10.84% 和 8.06%;日平均接水时间分别为 7.91h、7.87h、9.33h,2018 年度和 2019 年度上升比例分别为 -0.01% 和 18.56%。由此可知,压舱水接收流量由船泵效率和压舱水船岸协同作业效率决定,其中船岸协同作业效率随压舱水接收作业工艺的标准化进一步提升的空间较小,因此压舱水接收流量主要由

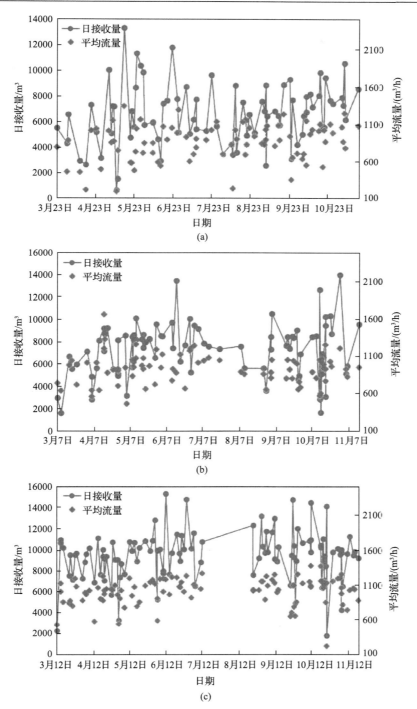

图 2.12　2017 年度(a)、2018 年度(b)、2019 年度(c)压舱水日接收量及平均流量

船泵效率决定,而船泵配备均按照船舶设计标准规范配备,故压舱水接收流量并非限制压舱水接收量提升的主要因素。由年度压舱水接收总量分析,2019年度较2018年度压舱水接收总量提升65.78%,年度接收船舶艘次提升28.40%,故影响压舱水接收总量提升的主要因素为船舶接收艘次和接水时间,而二者均由岸基压舱水接收存储基础设施的容量配置情况决定。

2017年度日平均压舱水接收量为0.65万t,日最大压舱水接收量为1.33万t,则压舱水日接收量变化系数为2.05,压舱水接收时间为10h。日最小压舱水接收量为0.06万t,压舱水接收时间仅为2.0h,主要由于货船装卸作业时间紧张,无法进行压舱水全接收。

2018年度日平均压舱水接收量为0.73万t,日最大压舱水接收量为1.39万t,则压舱水日接收量变化系数为1.90,压舱水接收时间为11.5h。日最小压舱水接收量为0.16万t,压舱水接收时间仅为2.5h,主要由于货船装卸作业时间紧张,无法进行压舱水全接收,同时货船通岸接头泄漏造成收水困难。对日压舱水接收量低于0.3万t的情况进行分析认为,主要原因为货船装卸作业时间紧张、货船通岸接头故障、部分舱压舱海水等。

2019年度日平均压舱水接收量为0.94万t,日最大压舱水接收量为1.52万t,则压舱水日接收量变化系数为1.61,压舱水接收时间为13h,由2017~2019年度日接收量变化系数的变化趋势可知,随压舱水接收工艺的标准化,日接收量变化逐渐降低。日最小压舱水接收量为0.17万t,压舱水接收时间仅为8.0h,主要由于两艘货船同时到港且港口存储设施容量有限导致该轮压舱水边排边收。对日压舱水接收量低于0.6万t的情况进行分析,主要原因为货船装卸作业时间紧张、货船船泵或通岸接头故障、港口接收管路伸缩节故障、港口压舱水存储池容量受限等原因。

由日平均压舱水接收量的变化规律可知,压舱水接收流量由船泵流量决定,对压舱水接收量影响不大,限制压舱水接收量的主要因素可归纳为船方和港口方两大方面,其中船方的原因主要包括装卸作业时间紧张、部分压舱水为海水、船舶通岸接头或船泵故障等因素,港口方的原因主要包括接收管路伸缩节故障、港口压舱水存储设施容量受限等因素。船方因素占比较高且多为不可控因素,为进一步提升压舱水接收量,亟须开展港口岸基自适应主动接收装备研发,以降低由船方因素导致的压舱水接收量受限。

2)压舱水水质变化规律

对北方某沿海港口平均每月的实测压舱水接收水量和压舱水水质进行监测分析,结果如图2.13所示。黄骅港压舱水接收后储存至港口后方生态湖内。

由生态湖 COD 数据变化趋势可知，随新鲜压舱水进入生态湖内，COD 呈现明显的下降趋势，货船压舱水主要来自长江，水质良好，基本可达到地表水 Ⅱ-Ⅲ 类水质要求。1～3 月份和 11 月份 COD 浓度偏高，已达到地表水 Ⅳ 类，其主要原因为，新鲜压舱水水量降低，特别是 1～2 月份无新鲜压舱水补充，在生态湖内长期以静水状态储存，水质略有下降。港口压舱水接收存储后主要回用于堆场喷淋用水，按照《煤炭矿石码头粉尘控制设计规范》(JTS/T 156—2015) 码头堆场洒水水质要求 COD≤150mg/L，可见船舶压舱水经接收后可满足回用水质要求。

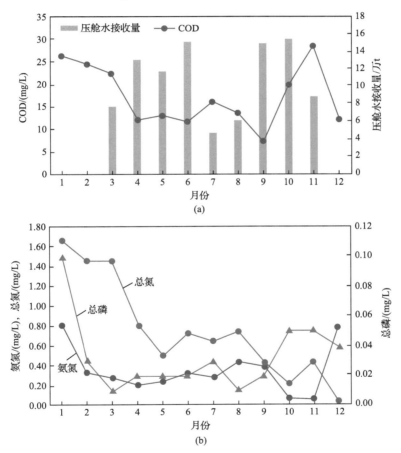

图 2.13　压舱水接收量、COD(a)和氨氮、总氮、总磷(b)变化趋势

按照地表水环境质量标准，选取氨氮、总氮、总磷等指标分析生态湖水质变化规律。4～12 月份，氨氮和总氮均低于 1.0mg/L，可满足地表水 Ⅱ-Ⅲ 类水质要求。1～3 月份浓度略有升高，属地表水 Ⅳ 类水质，其主要原因是无新鲜压舱水量补充，水体长期静止造成水质降低。除 1 月份外，生态湖总磷浓度均保

持在Ⅱ-Ⅲ类水质。

综上，由压舱水接收量的年度、月度和日均水量及水质变化规律，得出如下结论：

(1) 年度压舱水接收量随港口接收基础设施能力提升呈现显著上升趋势，月度压舱水接收量变化规律表现在雨季7～8月份压舱水接收量为全年度最低，主要原因为雨季港口回收雨污水水量上升，港口储存设施容量有限，无压舱水储存容量。因此压舱水接收量的限制因素主要为接收基础设施的设计能力和压舱水供排水设备的船岸匹配情况等。

(2) 日平均压舱水接收量主要由压舱水接收作业时间决定，其限制因素可归纳为船方和港口方两大方面，其中船方的原因主要包括船期紧张、部分压舱水为海水、船舶通岸接头或船泵故障等因素，港口方的原因主要包括接收管路伸缩节故障、港口压舱水存储设施容量受限等因素，船方因素占比较高且多为不可控因素。

(3) 压舱水水质总体良好，除1～3月份外，基本可达到地表水Ⅱ-Ⅲ类水质要求，可满足码头堆场洒水水质要求。1～3月份压舱水水质下降，属地表水Ⅳ类水质，其主要原因是无新鲜压舱水量补充，水体长期静止造成水质降低。

2. 压舱水接收影响因素研究

研究分析了某北方沿海港口2019年和2020年压舱水接收统计表及船舶预报。结果显示，压舱水接收的影响因素主要包括5类，分别是天气因素、船方因素、港口码头因素、水池因素及流程因素。

(1) 天气因素：冬季不进行压舱水收水工作，因此天气方面重点关注正常收水下的两类天气，一是大风天气，二是暴雨天气。大风天气对压舱水收水的影响主要体现在收水软管不易连接固定，无法完成接管操作方面，一般风力达到七级以上压舱水收水会受到影响。暴雨天气时因各水池水位上升，生产用水(如堆场洒水、臂架洒水等)大幅减少，同时污水处理站处理量增加，污水回用量增加，导致压舱水池用水量减少，水池容积不足，进而导致压舱水收水量减少。

(2) 船方因素：主要包括设备因素和人为因素。设备因素包括船泵故障、阀门故障(损坏或漏气)、船舱内部管路受损、船舶接口处漏水、缺少收边柜水工艺等，可能导致收水时间减少甚至无法收水。人为因素主要是人员操作不熟悉等原因导致单泵供水或部分外排的情况发生，造成实际收水量少于预报水量。

(3) 港口码头因素：因赶船期或生产动态紧张，装船作业提前完成，从而提前停止收水，导致实际收水量少于预报水量。此外，因试岸电或移泊等其他因素也会影响收水时长。

(4)水池因素：当压舱水池容积不足或已满时，会减少收水或停止收水。

(5)流程因素：当多个泊位共用同一条收水管线时，若有船靠泊，则不能同时收水，需根据装船作业计划确定流量减半收水或选择其中一条船收水。

由于上述可能影响压舱水收水的因素，均为船舶靠泊后现场人员发现并反馈给生产指挥中心后得知，船舶动态信息并未体现影响压舱水接收的上述因素。因此，在船舶靠泊前由船方、水系统调度员及生产指挥中心在船舶预报中增加相关影响因素的记录，可提高压舱水的收水效率。天气因素主要记录大风、暴雨或其他影响收水的极端天气；船方因素主要记录是否有泵阀损坏、漏气或人员接管不熟练等方面；码头因素主要记录是否有赶船期或生产动态的情形；水池因素重点关注压舱水池是否容量不足，是否需要提前排水或停止污水再生处理等；流程因素主要记录当前或收水期间是否有同一进水管的泊位需要收水，以及相关情形下的解决方案。

3. 压舱水接收量的预测方法研究

根据压舱水预报量与接收量等相关数据，基于相关数据研究创建了预测压舱水接收量和接收时间的方法。根据压舱水接收预报量、排水管个数和压舱泵泵压，采用最小二乘法曲线拟合原理预测目标船舶的压舱水接收时长和压舱水可接收量。压舱水预报水量、实际接收量及接收比例如图 2.14 所示。

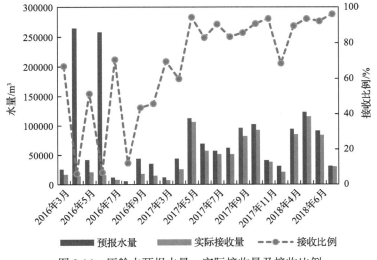

图 2.14　压舱水预报水量、实际接收量及接收比例

压舱水预报量与实际接收量之间的斯皮尔曼相关系数为 0.62，二者之间具

有一定的正相关性。将预报量作为自变量对压舱水的接收量进行拟合,对现有
数据进行预处理,使用某一预报量下对应多个不同收水量的均值作为该预报量
对应的实际压舱水收水量。拟合结果显示,压舱水实际接收量随着预报量的变
化而变化,但是由于实际接收量同时受到现场压舱水池的实际容量以及收水时
长等多个因素的影响,因此仅以压舱水的预报量作为拟合压舱水的实际接收量
的拟合效果欠佳。

　　将泵压和接管数量作为自变量对流量进行拟合,分别以某一泵压和接管数
量下的多组流量数据的均值和中数作为该泵压和接管数量下的流量。拟合结果
显示,相比于采用某一泵压和接管数量下的多组流量数据的中数拟合,采用均
值拟合效果更好,更加接近该泵压和接管数量对应的接收流量。随着公式中变
量泵压 x 和接管数量 y 的最高次项的次数增加,和方差和均方根呈现出先降低
后增加的规律,即当公式中变量 x 和 y 的最高次项的次数超过一定数值后,拟
合度逐渐降低。

　　考虑到接管数量 y 这一数据的变化范围较小,可近似为一个常量,因此将
压舱水接收数据中接收流量平均至每根接管,使用泵压作为自变量来拟合每根
接管的流量。拟合结果显示,相对于泵压、接管数量与流量的数据拟合效果,
泵压与接管流量的数据拟合效果和方差和均方根相对较小,确定性系数相对较
大,拟合效果更优。相似的是,随着公式中变量最高次项的次数增加,和方差、
均方差也呈现出先降低后增加的规律,即当公式中变量最高次项的次数超过一
定数值后,拟合度逐渐降低。

　　综上,通过研究创建了压舱水接收量和接收时长的预测方法,可通过来船
的预报量及泵压、接管个数等参数预测压舱水 (C) 和压舱水接收时长 (T):

$$C = f(x) = -1.3\mathrm{e}^{-8}x^3 + 0.0002624x^2 - 0.7471x + 2985 \tag{2.23}$$

式中,x 为压舱水预报量。

$$T = \frac{C}{M \times f(y)} \tag{2.24}$$

式中,M 为接管个数;$f(y)$ 为一条接管的流量;y 为船的泵压。其中

$$f(y) = -141.1y^2 + 776y - 801.9 \tag{2.25}$$

2.2　港口雨污水分类回用水质标准

　　通过对全国各类港口污水资源化利用情况进行调研,港口码头污水资源化

利用途径包括生产用水及辅助用水、景观水体环境用水等，为保证经济、高效原则，应根据不同的资源化利用途径执行相应的水质标准。

用于生产用水时，参考《煤炭矿石码头粉尘控制设计规范》(JTS/T 156—2015)，码头堆场洒水水质应不超过 pH 为 6.0～9.0，色度(稀释倍数)值为 80，悬浮物浓度为 150mg/L，五日生化需氧量 BOD$_5$ 为 30mg/L，化学需氧量 COD$_{Cr}$ 为 150mg/L，石油类浓度为 10mg/L。参考《城市污水再生利用 工业用水水质》(GB/T 19923—2024)，再生水用作工业用水时，粪大肠杆菌群为 2000 个/L。参考《火电厂循环冷却水处理》[94]一书中经研究得出常规 304 不锈钢在 25℃条件下耐氯离子腐蚀浓度为 400mg/L。

用于辅助用水时应符合《城市污水再生利用 城市杂用水水质》(GB/T 18920—2020)的水质要求，如表 2.2 所示。

表 2.2 《城市污水再生利用 城市杂用水水质》(GB/T 18920—2020)中的水质要求

序号	项目	冲厕、车辆冲洗	城市绿化、道路清扫、消防、建筑施工
基本控制项目及限值			
1	pH	6.0～9.0	6.0～9.0
2	色度(不大于)/铂钴色度单位	15	30
3	嗅	无不快感	无不快感
4	浊度(不大于)/NTU	5	10
5	五日生化需氧量(BOD$_5$)(不大于)/(mg/L)	10	10
6	氨氮(不大于)/(mg/L)	5	8
7	阴离子表面活性剂(不大于)/(mg/L)	0.5	0.5
8	铁(不大于)/(mg/L)	0.3	—
9	锰(不大于)/(mg/L)	0.1	—
10	溶解性总固体(不大于)/(mg/L)	1000(2000)[a]	1000(2000)[a]
11	溶解氧(不小于)/(mg/L)	2.0	2.0
12	总氯(不小于)/(mg/L)	1.0(出厂)，0.2(管网末端)	1.0(出厂)，0.2[b](管网末端)
13	大肠埃希氏菌/(MPN/100mL)或 CFU/100mL)	无[c]	无[c]

续表

序号	项目	冲厕、车辆冲洗	城市绿化、道路清扫、消防、建筑施工
选择性控制项目及限值			

序号	项目	限值
1	氯化物(Cl⁻)(不大于)/(mg/L)	350
2	硫酸盐(SO₄²⁻)(不大于)/(mg/L)	500

a 括号内指标值为沿海及本地水源中溶解性固体含量较高的区域的指标。

b 用于城市绿化时，不应超过 2.5mg/L。

c 大肠埃希氏菌不应检出。

用于景观水体环境用水时，应符合《城市污水再生利用 景观环境用水水质》(GB/T 18921—2019)要求，如表 2.3 所示。

表 2.3　《城市污水再生利用 景观环境用水水质》(GB/T 18921—2019)中的水质标准

序号	项目	观赏性景观环境用水			娱乐性景观环境用水			景观湿地环境用水
		河道类	湖泊类	水景类	河道类	湖泊类	水景类	
1	基本要求	无漂浮物，无令人不愉快的嗅和味						
2	pH	6.0～9.0						
3	五日生化需氧量(BOD₅)(不大于)/(mg/L)	10	6		10	6		10
4	浊度(不大于)/NTU	10	5		10	5		10
5	总磷(以 P 计)(不大于)/(mg/L)	0.5	0.3		0.5	0.3		0.5
6	总氮(以 N 计)(不大于)/(mg/L)	15	10		15	10		15
7	氨氮(以 N 计)(不大于)/(mg/L)	5	3		5	3		5
8	粪大肠菌群(不大于)/(个/L)	1000			1000		3	1000
9	余氯(不大于)/(mg/L)	—					0.05～0.10	—
10	色度(不大于)/度	20						

若污水同时回用于生产用水、辅助用水和景观水体环境用水，则应按最高水质标准要求确定污水处理站的出水标准。

2.3　港口雨污水资源化利用工艺流程

2.3.1　煤污水处理工艺流程

煤污水的主要污染物为悬浮物，目前港口多采用混凝沉淀过滤处理工艺处理煤污水。对我国沿海港口煤污水处理站调研显示，受沿海地质条件影响，煤污水经混凝沉淀等常规处理后常出现氯离子超标情况，浓度高达 1000～2000mg/L，为防止含有高浓度氯离子的再生水用于堆料机等重要机械喷淋用水导致腐蚀问题，如部分港口采用堆料机喷淋用水供水池处增加了除氯工艺，用于保护堆料机，并取得了较好的效果。根据港口实际情况，参考《水运工程环境保护设计规范》(JTS 149—2018)，提出了煤污水资源化利用工艺流程，如图 2.15 所示。

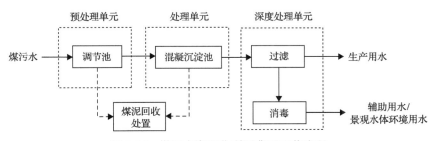

图 2.15　煤污水资源化利用典型工艺流程

沿海港口煤污水经处理后出水氯离子含量高于 1000mg/L，回用于装卸机械喷淋用水时，可增加电吸附除氯等深度处理工艺。

2.3.2　金属矿石污水处理工艺流程

金属矿石污水的主要污染物为悬浮物，目前港口多采用混凝沉淀过滤处理工艺处理金属矿石污水。与煤污水不同，金属矿石污水悬浮物相对密度较大，在污水收集管沟和调节池中易发生沉降，因此金属矿石污水处理站进水中悬浮物浓度较低，不宜采用压滤工艺处理。对于有水溶特征的金属矿石污水，在常规的混凝沉淀过滤工艺的基础上，应根据溶出物特征增加深度处理工艺，如北部湾金属矿石污水采用吸附、离子交换等深度处理工艺，如表 2.4 和表 2.5 所示。

根据港口实际情况，参考《水运工程环境保护设计规范》(JTS 149—2018)金属矿石污水处理工艺流程，提出金属矿石污水资源化利用工艺流程，如图 2.16 所示。

表 2.4　煤炭码头污水处理站基本情况

港口	污水处理站	处理规模	处理工艺	污水去向
北方某沿海港口	二期煤污水处理站	6000m³/d	原水—调节池—混凝沉淀—过滤—清水池	经处理后回用为喷淋抑尘用水和绿化、道路冲洗用水，出水执行标准为《城市污水再生利用 城市杂用水水质》(GB/T 18920—2020)
	三期煤污水处理站	6000m³/d		
	四期煤污水处理站	6000m³/d		
	储煤基地含尘污水处理站	6000m³/d		
内河铁矿石码头	1#污水处理站（主要为铁矿石污水）	80m³/h	原水—调节池—混凝沉淀—清水池	经处理后回用为喷淋抑尘用水和绿化、道路冲洗用水，出水执行标准为《城市污水再生利用 城市杂用水水质》(GB/T 18920—2020)、《煤炭矿石码头粉尘控制设计规范》(JTS/T 156—2015)
	4#污水处理站（主要为铁矿石污水）	100m³/h		
	路南西侧 1#污水处理站（主要为铁矿石污水）	200m³/h		
	路南东侧 2#污水处理站（主要为铁矿石污水）	200m³/h		
内河煤炭码头	煤污水处理站	70m³/h	原水—调节池—压滤—过滤—清水池	

表 2.5　金属矿石污水处理站基本情况

污水处理站	处理规模	处理工艺	污水去向
佳和堆场污水处理站	15m³/h	原水—调节池—混凝沉淀—离子交换—清水池	经处理后回用为喷淋抑尘用水和绿化、道路冲洗用水，出水执行标准为《城市污水再生利用 城市杂用水水质》(GB/T 18920—2020)、《煤炭矿石码头粉尘控制设计规范》(JTS/T 156—2015)
13#、14#堆场污水处理站	100m³/h	原水—调节池——体化净水器（加药）—活性炭过滤器—石英砂过滤器—离子交换器—清水池	
铁山港 1#污水处理站	200m³/h	原水—调节池—平流式初沉池—管道混合器（加药）—化学预沉池—全自动过滤装置—深度处理装置—清水池	

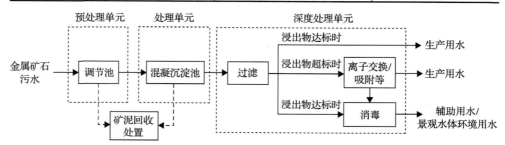

图 2.16　金属矿石污水资源化利用典型工艺流程

可根据需要增加活性炭吸附等脱色工艺。重金属矿石污水可根据货种水溶出物特征增加离子交换等深度处理工艺。

2.3.3　非金属矿石污水处理工艺流程

港口现状吞吐量较多的非金属矿石以磷矿、石灰石、硫磺等为主，磷矿、石灰石、硫磺等非金属矿石污水呈酸性或碱性，应进行调节 pH 预处理。港口非金属矿石污水处理站基本情况，如表 2.6 所示。

表 2.6　港口非金属矿石污水处理站基本情况

港口	污水处理站	处理规模	处理工艺	污水去向
南方沿海港口 A	矿石污水处理站	1000m³/d	原水—调节池—化学加药—混凝沉淀—压滤—清水池	经处理后回用为喷淋抑尘用水和绿化、道路冲洗用水，出水执行标准为《城市污水再生利用　城市杂用水水质》（GB/T 18920—2020）
北方沿海港口	矿石污水处理站	180m³/h	原水—格栅—调节池—化学加药—混凝沉淀—一体化净水器—清水池	
南方沿海港口 B	14#泊位硫磺堆场污水处理站	80m³/h	原水—中和池（加药NaOH）—初沉池—斜管沉淀池（加药 PAC、PAM）—无阀过滤器—清水池	经处理后回用为喷淋抑尘用水和绿化、道路冲洗用水，出水执行标准为《城市污水再生利用　城市杂用水水质》（GB/T 18920—2020）、《煤炭矿石码头粉尘控制设计规范》（JTS/T 156—2015）
	15#泊位含磷污水处理站	15m³/h	原水—调节沉淀池—化学加药反应池—斜板沉淀池—中和池—清水池	
	5#硫磺污水处理站	100m³/h	原水—中和池—斜板沉淀池—无阀过滤器—清水池	

根据港口实际情况，提出磷矿污水资源化利用工艺流程，以及石灰石、硫磺污水资源化利用工艺流程，如图 2.17 和图 2.18 所示。

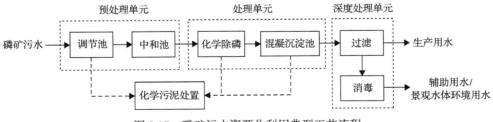

图 2.17　磷矿污水资源化利用典型工艺流程

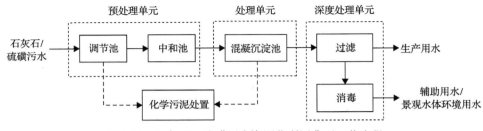

图 2.18　石灰石、硫磺污水资源化利用典型工艺流程

非金属矿石污水采用化学除磷工艺时应符合《城镇污水再生利用工程设计规范》(GB 50335—2016)相关规定。

2.3.4　含油污水处理工艺流程

港口含油污水主要为上岸接收的船舶含油污水和港口机械作业间产生的含油污水。港口含油污水处理站多为间歇运行，多经隔油处理后出水纳入港区污水收集管道，出水与港口其他污水共同处理后回用。含油污水处理站基本情况如表 2.7 所示。

表 2.7　含油污水处理站基本情况

污水处理站	处理规模	处理工艺	污水去向
机修间油污水处理站	5m³/h	原水—调节池—隔油池—油水分离器—纳管排放—生产污水处理站—清水池	经处理后排入生产污水处理站进行二次处理后，回用为港区喷淋抑尘或绿化浇洒
北三集司油污水处理站	5m³/h	原水—格栅—调节池—一体化油污水处理设备—纳管排放—生活污水处理站—清水池	经一体化设备处理后，排入生活污水处理站，经二次处理后回用

根据港口实际情况，参考《水运工程环境保护设计规范》(JTS 149—2018)4.2节"含油污水"的处理工艺提出含油污水再生处理的工艺流程，如图 2.19 所示。

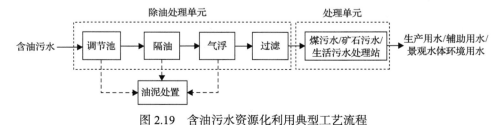

图 2.19　含油污水资源化利用典型工艺流程

2.3.5   生活污水处理工艺流程

现状港口生活污水再生处理多选用膜生物反应器、接触氧化法、活性污泥法等工艺。港口生活污水处理站基本情况，如表 2.8 所示。

表 2.8   港口生活污水处理站基本情况

污水处理站	处理规模	处理工艺	污水去向
建筑单体生活污水处理站	$5m^3/h$	MBR 一体化设备	经处理后用为喷淋抑尘用水和绿化、道路冲洗用水，出水执行标准为《城市污水再生利用 城市杂用水水质》（GB/T 18920—2020）
铁山港生活污水处理站	$3m^3/h$	原水—格栅—调节池—A 级氧化池—O 级氧化池—生物沉淀池—活性炭过滤器—清水池	
石步岭生活污水处理站	$2m^3/h$	原水—格栅—调节池—A 级氧化池—O 级氧化池—生物沉淀池—清水池	

根据港口实际情况，提出生活污水资源化利用工艺流程。处理单元可根据需要选择膜生物反应器、接触氧化、活性污泥法等工艺，其典型工艺流程如图 2.20 所示。

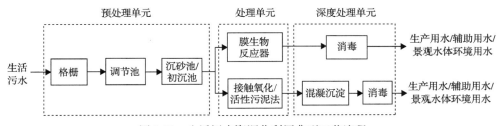

图 2.20   生活污水资源化利用典型工艺流程

2.4   本 章 小 结

本章解析了不同降雨强度、不同下垫面影响下港口初期雨水污染特征，建立了考虑初期雨水的港口煤污水/矿石污水产生量计算模型；提出了船舶类型、靠港时间、船舶定员等多参数影响下船舶水污染物上岸接收量计算方法，建立了考虑船舶水污染物上岸接收的港口油污水、生活污水产生量计算模型；研究了船舶随机到离和装卸作业等不确定场景影响下压舱水水质水量多维特征的变化规律，建立了压舱水接收与装卸作业协同的压舱水接收量精准预测模型。

　　针对目前港口污水回用水质标准多执行城市杂用水现状，提出了适用港口内部水循环的生产用水、辅助用水、景观水体环境用水等不同回用用途水质需求的分类型水质标准，系统分析对比不同类型污水回用工艺的处理效果与建设运维成本，提出了适用不同类型雨污水水质特征的资源化利用工艺流程。

3 散货港口多类异质雨污水高效处理及智能调控技术

3.1 煤污水和矿石污水混凝处理智能控制技术

针对煤炭、矿石等散货码头混凝沉淀工艺出水悬浮物浓度超标，导致喷淋管道堵塞等限制径流雨污水高效再生利用的瓶颈问题，开展了散货码头煤污水和矿石污水混凝处理过程智能控制研究。

3.1.1 混凝加药处理实验研究

通过对国内外主要港口各类污水处理站混凝加药过程及加药前后水质变化数据进行分析，得出混凝投药量控制系统的以下特点：

（1）混凝加药处理效果受原水水质影响。混凝加药处理效果受到港口污水水质影响较大，港口污水的浊度、pH、温度等参数变化均会对混凝加药处理效果产生显著影响，且该影响具有非线性、随时段波动大的特征。

（2）混凝加药处理效果受处理工艺影响。根据调研，散货码头污水站处理工艺包括调节、絮凝、沉淀等各个环节，各环节构筑物形式的差异会造成混凝剂投加需求量及处理效果的差异，如平流式沉淀池的混凝剂需要量明显低于斜管沉淀池的混凝剂需要量。

（3）混凝加药处理效果受混凝剂类别影响。不同港口的污水站使用的混凝剂种类不同，主要包括聚合氯化铝、聚合硫酸铝、聚丙烯酰胺等，混凝剂种类的不同直接影响加药量与处理效果。即使同类型混凝剂的不同品牌、不同加药顺序对混凝处理效果也会有较为显著的影响。

（4）出水水质变化具有一定时滞性。港口污水站从混凝剂投加到出水这一过程的水力停留时间一般在30min以上，从改变混凝剂的投加量到沉淀池出水浊度的改变这一过程需要的时间达到30min以上，具有一定的时滞性。

1. 铁矿石污水最佳加药量研究

（1）水质分析如表3.1所示。

主要离子组成呈现出明显的港口特色，钙（Ca）含量为29.997mg/L，镁（Mg）

表 3.1　铁矿石污水水质分析

ICP 检测详细结果				COD 浓度/(mg/L)
检测项目 1	检测结果 1/(mg/L)	检测项目 2	检测结果 2/(mg/L)	
Al	未检出	Mg	3.934	
As	0.203	Mn	未检出	
Ca	29.997	Ni	未检出	
Cd	未检出	P	1.292	17.668
Co	未检出	Pb	未检出	
Cr	未检出	Sb	0.158	
Cu	未检出	Sr	0.364	

含量为 3.934mg/L，表明水体具有一定的硬度。值得注意的是，检测出砷（As）和锑（Sb）的存在，含量分别为 0.203mg/L 和 0.158mg/L，这可能与港口装卸的矿石性质有关；锶（Sr）含量为 0.364mg/L，是一个典型的伴生元素指标；水体中未检出重金属如铝（Al）、镉（Cd）、钴（Co）、铬（Cr）、铜（Cu）、锰（Mn）、镍（Ni）和铅（Pb），表明港口作业对重金属污染的控制效果较好；磷（P）含量为 1.292mg/L，处于较低水平；COD 浓度为 17.668mg/L，反映水体有机污染负荷相对较轻。这种水质特征与金港主要经营铁矿石等大宗散货的定位相符，为后续确定混凝处理工艺参数提供了重要依据。

（2）混凝剂对比如表 3.2 所示。

表 3.2　铁矿石污水混凝剂处理效果对比

混凝剂种类	混凝剂投加量/(mg/L)	处理后浊度/NTU
聚合氯化铝	50	2.635
聚合硫酸铁		12.059

通过对铁矿石污水混凝剂筛选实验研究表明，在投加量为 50mg/L 的条件下，聚合氯化铝（PAC）和聚合硫酸铁（PFS）的处理效果存在显著差异：PAC处理后出水浊度可降至 2.635NTU，而 PFS 处理后仅降至 12.059NTU。这种处理效果的差异主要源于水质特征与混凝剂性质的匹配性：金港污水中 Ca^{2+}（29.997mg/L）和 Mg^{2+}（3.934mg/L）含量较高，PAC 的 Al^{3+} 较 PFS 的 Fe^{3+} 具有更强的电荷中和能力，同时 PAC 水解后形成的多核络合物具有更大的分子量和更强的架桥作用，有利于形成结构致密、沉降性能好的絮体，且在该水质条件下表现出更好的 pH 适应性，不会显著改变水体的酸碱度。因此，选择 PAC 作为金

港污水处理的混凝剂更为合适。

(3)不同进水水质下最佳加药量。

基于前期实验确定了 PAC 作为最优混凝剂后,进一步探究了不同浊度条件下的最佳投加策略。为确保实验数据的可比性和准确性,将铁矿石污水按照实验方案设定的浊度区间(20~110NTU)进行分组实验。在充分考虑混凝过程的动力学特征后,采用快速搅拌(100r/min)与慢速搅拌(30r/min)相结合的两段式搅拌工艺,该工况组合可在保证药剂快速混合的同时,为絮体的形成和长大提供适宜的水力条件。在此工艺参数下,通过系统考察不同 PAC 投加量对各浊度区间处理效果的影响。

通过对铁矿石污水不同浊度区间径流污水的混凝处理实验研究表明,PAC投加量与处理效果之间存在显著的非线性关系。在浊度 20~60NTU 的中低浊度区间,最佳药剂投加量呈现递增趋势:20~30NTU 区间需投加 75mg/L 可降至 3.354NTU,30~40NTU 区间优选 40mg/L 可达 2.180NTU,40~50NTU 区间则需 90mg/L 方可降至 1.480NTU,直至 50~60NTU 区间达到最大投加量160mg/L 时获得 1.508NTU 的出水水质(表 3.3~表 3.6)。这种投加量递增现象反映了随着进水浊度升高,水体中悬浮颗粒物浓度增加,需要更多的混凝剂来中和颗粒表面电荷,促进颗粒脱稳和絮凝过程。

表 3.3　铁矿石污水浊度在 20~30NTU 区间的混凝剂投加量

样品	混凝剂最佳投加量/(mg/L)	处理后浊度/NTU
1	15	17.239
2	30	15.206
3	45	11.396
4	60	4.882
5	75	3.354
6	90	5.296

表 3.4　铁矿石污水浊度在 30~40NTU 区间的混凝剂投加量

样品	混凝剂最佳投加量/(mg/L)	处理后浊度/NTU
1	20	3.264
2	40	2.180
3	60	3.452
4	80	5.053
5	100	5.536
6	120	6.993

表 3.5 铁矿石污水浊度在 40～50NTU 区间的混凝剂投加量

样品	混凝剂最佳投加量/(mg/L)	处理后浊度/NTU
1	30	4.205
2	60	3.433
3	90	1.480
4	120	2.756
5	150	4.547
6	180	4.909

表 3.6 铁矿石污水浊度在 50～60NTU 区间的混凝剂投加量

样品	混凝剂最佳投加量/(mg/L)	处理后浊度/NTU
1	40	1.839
2	80	1.868
3	120	1.561
4	160	1.508
5	200	1.686
6	240	1.786

然而，当进水浊度超过 60NTU 后，体系表现出独特的处理特征：60～70NTU 和 70～80NTU 区间的最佳投加量均降至 50mg/L 左右，处理后浊度分别为 1.766NTU 和 1.168NTU；在 80～90NTU 区间，仅需 25mg/L 即可实现 0.775NTU 的优异出水水质；90～110NTU 高浊度区间维持在 50mg/L 的低投加量依然能达到 2.226NTU 的达标出水水质（表 3.7～表 3.10）。这种高浊度条件下反而需要较低药剂投加量的现象，主要归因于水体中大量悬浮颗粒提供的自然絮凝核心和碰撞机会，增强了体系的自絮凝效应，减少了对混凝剂的需求。同时，高浓度悬浮物本身可能吸附部分混凝剂，形成局部高浓度区，提高了混凝剂的利用效率。

表 3.7 铁矿石污水浊度在 60～70NTU 区间的混凝剂投加量

样品	混凝剂最佳投加量/(mg/L)	处理后浊度/NTU
1	25	2.869
2	50	1.766
3	75	3.788
4	100	5.056
5	125	6.052
6	150	7.742

表 3.8 铁矿石污水浊度在 70～80NTU 区间的混凝剂投加量

样品	混凝剂最佳投加量/(mg/L)	处理后浊度/NTU
1	25	2.407
2	50	1.168
3	75	2.528
4	100	7.832
5	125	10.041
6	150	11.262

表 3.9 铁矿石污水浊度在 80～90NTU 区间的混凝剂投加量

样品	混凝剂最佳投加量/(mg/L)	处理后浊度/NTU
1	25	0.775
2	50	3.198
3	75	6.442
4	100	7.373
5	125	8.348
6	150	10.598

表 3.10 铁矿石污水浊度在 90～110NTU 区间的混凝剂投加量

样品	混凝剂最佳投加量/(mg/L)	处理后浊度/NTU
1	25	2.901
2	50	2.226
3	75	3.580
4	100	4.119
5	125	4.453
6	150	6.195

研究结果对港口径流污水处理工艺优化具有一定的指导意义。不同浊度区间存在各自的最佳投加量，过量或不足都会导致处理效果下降。其中，中低浊度污水需要相对较大的药剂投加量以实现理想的处理效果，而高浊度污水则可采用较低的投加量既能达到处理要求又可显著节约药剂成本。在实际工程应用中，应建立基于进水浊度的智能加药系统，实现投加量的实时精准调控。试验发现的高浊度条件下的自絮凝增强效应，为处理高浊度港口径流污水提供了新的思路，也可考虑利用部分高浊度污水作为絮凝助剂，提高整体处理效率。所有浊度区间在最佳投加量条件下均能实现出水浊度低于 5NTU 的处理目标，证

实了采用 PAC 作为混凝剂处理港口径流污水的可行性和有效性。

　　基于对铁矿石污水处理的实验数据分析，在确保出水水质达标（浊度小于 5NTU）的前提下，提出了一套经济高效的 PAC 投加策略。该策略根据进水浊度采用阶梯式投加模式：20～30NTU 区间采用 60mg/L 投加量（出水 4.882NTU）；30～40NTU 区间采用 40mg/L（出水 2.180NTU）；40～50NTU 区间采用 60mg/L（出水 3.433NTU）；50～60NTU 区间采用 40mg/L（出水 1.839NTU）；60NTU 以上区间统一采用 50mg/L 的投加量（可确保出水浊度小于 3NTU）。

　　这种优化策略较最佳处理效果的投加方案平均可节省 35%的药剂用量，年化可降低约 28 万元药剂成本。该策略充分利用了高浊度条件下的自絮凝效应，在 60NTU 以上区间通过固定低剂量投加，既简化了操作流程，又确保了处理效果的稳定性。图 3.1 清晰展示了优化后的经济投加曲线较最优投加曲线更加平缓，波动性更小，这不仅有利于自动加药系统的控制，也能显著提高运行管理效率。特别是在处理高浊度污水时，经济投加策略的优势更为明显，出水水质始终能稳定保持在 2～3NTU 范围内，远优于排放标准要求。

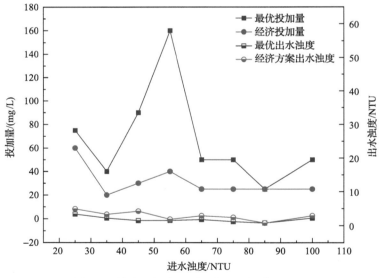

图 3.1　铁矿石污水不同浊度区间经济投加量

　　（4）不同温度下的最佳加药量。

　　研究表明，水温对铁矿石混凝处理效果具有显著影响。进水水质如表 3.11 所示，对于 4 组不同温度区间的水样，按照混凝剂 40mg/L 进行投加，转速设置为最佳转速 100r/min+50r/min。出水水质随温度呈现明显的"抛物线"特征：低温区间 10～15℃处理效果最差，出水浊度为 4.512NTU；随着温度升高，处理效果逐渐改善，在 20～25℃达到最优，出水浊度降至 2.919NTU；但当温度继续升高至 25～30℃时，处理效果出现轻微下降，浊度为 3.291NTU。这种温度依赖性主要源于其对混凝机理的多重影响：低温条件下分子热运动减弱，不利于混凝剂的水解和絮体的形成；适温范围 20～25℃能促进混凝剂的水解和颗粒间的碰撞，有利于形成良好絮体；过高温度则可能影响絮体的稳定性。

表 3.11 不同温度对混凝效果影响

样品	温度区间/℃	处理后浊度/NTU
1	10～15	4.512
2	15～20	3.676
3	20～25	2.919
4	25～30	3.291

基于以上结果，建议在工程实践中采取相应措施：冬季可适当延长混凝时间或略微提高搅拌强度以补偿低温影响，夏季高温时则可考虑适当增加混凝剂投加量，同时尽可能将反应温度控制在 20～25℃的最佳区间，以确保处理效果的稳定性。

2. 煤污水最佳加药量研究

（1）水质分析。

基于煤污水的电感耦合等离子体发射光谱（ICP）和 COD 检测结果分析表明，该水体的水质特征如表 3.12 所示：钙（Ca）含量显著偏高，达 78.837mg/L，约为铁矿石污水同类指标（29.997mg/L）的 2.6 倍；镁（Mg）含量为 11.154mg/L，同样高于铁矿石污水（3.934mg/L）。这种较高的钙镁离子含量表明东港污水具有较强的硬度特性。同时，检测发现微量的锰（Mn）存在（0.104mg/L），而砷（As）和锑（Sb）含量相对较低，分别为 0.023mg/L 和 0.131mg/L。值得注意的是，COD浓度达 44.170mg/L，远高于铁矿石污水的浓度（17.668mg/L），这反映了煤污水中有机物负荷较重较高的钙镁离子含量和有机物浓度可能会影响混凝过程中电荷中和和絮体形成。

（2）混凝剂对比。

通过对煤污水的混凝剂对比实验研究表明，在投加量为 50mg/L 的条件下，PAC 和 PFS 的处理效果呈现显著差异如表 3.13 所示：PAC 处理后出水浊度为 6.775NTU，而 PFS 处理后为 10.078NTU。在较高硬度、有机物负荷的条件下，PAC 表现出明显的优势。

表 3.12　煤污水水质分析

ICP 检测详细结果				COD 浓度/(mg/L)
检测项目 1	检测结果 1/(mg/L)	检测项目 2	检测结果 2/(mg/L)	
Al	未检出	Mg	11.154	
As	0.023	Mn	0.104	
Ca	78.837	Ni	未检出	
Cd	未检出	P	未检出	44.170
Co	未检出	Pb	未检出	
Cr	未检出	Sb	0.131	
Cu	未检出	Sr	0.452	

表 3.13　混凝剂处理效果对比

混凝剂种类	混凝剂投加量/(mg/L)	处理后浊度/NTU
聚合氯化铝	50	6.775
聚合硫酸铁		10.078

（3）不同进水水质下最佳加药量。

在确定 PAC 作为煤污水处理的优选混凝剂后，为系统研究不同浊度条件下的最佳投加策略，将煤污水按照实验方案划分为九个浊度区间（20～150NTU）。考虑到东港污水较高的钙镁离子含量（Ca^{2+} 含量为 78.837mg/L，Mg^{2+} 含量为 11.154mg/L）和有机物负荷（COD 浓度为 44.170mg/L），为确保混凝过程的充分进行，采用快速搅拌（100r/min）与慢速搅拌（30r/min）相结合的两段式搅拌工艺。在此工艺参数基础上，通过系统考察不同 PAC 投加量对各浊度区间的处理效果影响。

系统研究表明，不同浊度区间（20～150NTU）径流污水的混凝处理效果呈现显著的非线性特征。在污染负荷较轻的条件下（20～40NTU），处理过程表现出较强的稳定性：维持50mg/L的投加量即可将出水浊度控制在2.304～4.536NTU范围内。这种稳定的处理效果主要源于低浊度条件下体系的絮凝动力学过程相对简单，混凝剂的电荷中和作用起主导作用，且受水体中的干扰因素影响相对较小。

进入中等污染水平（40～80NTU）后，处理效果出现显著波动：40～50NTU区间需投加 180mg/L 才能达到 6.510NTU 的出水水质，而 70～80NTU 区间仅需 40mg/L 即可获得 1.337NTU 的优异处理效果。这种反常的投加量波动现象反映了水质组成的复杂性，较高的二价离子含量可能干扰了混凝剂的水解过程，同时有机物的竞争吸附作用也显著影响了絮体的形成和生长。此外，散货颗粒的特殊物理化学性质（如疏水性、表面电荷分布等）可能导致了絮凝过程的不稳定性。

高浊度条件（＞80NTU）下的处理特征尤为独特：随着污染负荷的增加，所需 PAC 投加量持续上升，在 110～150NTU 区间达到最大值 280mg/L，较污染负荷较轻条件下（20～40NTU）的投加量增加 460%。这是由于高浊度的污水含有更多的细小悬浮颗粒和有机物，这就导致了难沉降性愈发明显。这些物质增加了污水的稳定性和复杂性，使颗粒之间的自然聚集变得更加困难。这表明在高浊度范围并未出现明显的自絮凝效应，反而需要更多的混凝剂来维持处理效果。更多的混凝剂可以提供充足的桥联离子或聚合物链，帮助捕捉并结合分散的细小颗粒，形成较大且重的絮体，从而更容易沉淀分离。

如图 3.2 所示，基于以上处理特征，优化后的投加策略建议在确保出水达标的前提下，采用较最优投加量降低30%的经济方案。如在高浊度区间可将280mg/L降至160mg/L，这种调整虽然导致出水浊度从1.370NTU上升至3.665NTU，但仍能满足处理要求，同时可显著降低运行成本。这种基于水质特征的精细化加药策略，体现了处理效果与经济性的平衡，为工程实践提供了科学依据。

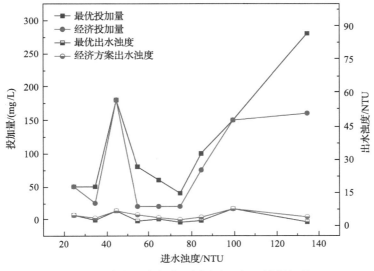

图 3.2 东港地表径流不同浊度区间经济投加量

3.1.2 混凝加药量智能调控算法

由于港口污水站混凝加药过程具有非线性、时滞性、随机性等特征，难以建立精确的数学模型。但港口运行成熟的污水站工艺流程、构筑物形式、混凝剂种类等指标相对固定,所以进水水质水量是影响该类污水站混凝剂投加量的最主要因素。考虑到混凝投药控制受到许多因素的干扰,传统的线性模型在处理混凝加药数据时会出现预测误差较大等无法实现精准控制的问题,因此本节提出能够有效解决非线性问题的智能加药控制算法。

1. 算法选择

(1)偏最小二乘法。

偏最小二乘法(PLS)融合了众多第一代多元统计方法的思想,取长补短,使得 PLS 在一些传统多元统计方法无法应用的场景仍然发挥巨大的作用,其主要的优势包括:当自变量间存在多重线性关系或观测数据较少而变量数量较多时,PLS 仍能继续使用;由于 PLS 同时对自变量与因变量进行投影,故能很好地区分数据特征信息与冗余信息,有时还能辨别出数据的非随机噪声;PLS 可解释性强;模型总体结构简单,便于使用,能进行定性(分类)或定量(回归)分析。

偏最小二乘法是第二代多元统计分析的代表性方法,在化学计量学等领域有广泛的应用。与主成分分析(PCA)和典型相关分析(CCA)这些第一代方法不同,PLS 以 PCA 和 CCA 为基础,并在多元线性回归模型框架下,将两者相结合。其既能保留上述方法的优点,同时还能提升整体性能。

考虑 n 个观测数据,每个数据包含 d 个自变量和 K 各因变量,则有数自变量矩阵 $X \in \mathbf{R}^{n \times d}$ 和因变量矩阵 $Y \in \mathbf{R}^{n \times K}$,并且对 X、Y 都已分别进行标准化处理,均值为 0,方差为 1。分别将自变量与因变量引入投影矩阵 P、Q,令 $U_i = XP_j$、$V_i = YQ_j$ 分别为自变量与因变量提取的第 i 个主成分,现以第 1 对主成分为例进行阐述。参考 PCA 思想,最大化两者的方差,则有 $\max \mathrm{Var}(U_1)$ 和 $\max \mathrm{Var}(V_1)$;参考 CCA 思想,最大化两者的方差,则有 $\max \dfrac{\mathrm{Cov}(U_1, V_1)}{\sqrt{\mathrm{Var}(U_1)}\sqrt{\mathrm{Var}(V_1)}}$。联合考虑上述两种思想,将其同时最大化,由于 $\max \mathrm{Var}(U_1)$ 等价于 $\max\sqrt{\mathrm{Var}(U_1)}$,$\max\mathrm{Var}(V_1)$ 等价于 $\max\sqrt{\mathrm{Var}(V_1)}$,可以得到

$$\max \mathrm{Cov}(U_1, V_1) = \max \frac{\mathrm{Cov}(U_1, V_1)}{\sqrt{\mathrm{Var}(U_1)}\sqrt{\mathrm{Var}(V_1)}} \tag{3.1}$$

PLS 最终最大化的是 U_1、V_1 的协方差。同样引入分别对 P、Q 的约束条件,从而使得式子有解,式(3.1)可以写为

$$\text{maxCov}(U_1, V_1) \tag{3.2}$$

$$\text{s.t. } P_1^T P_1 = Q_1^T Q_1 = 1 \tag{3.3}$$

又因为 X、Y 都已分别进行标准化处理，均值为 0，方差为 1，协方差矩阵可由矩阵内积表示，得到 PLS 的目标函数：

$$\max P_1^T X^T Y Q_1 \tag{3.4}$$

$$\text{s.t. } P_1^T P_1 = Q_1^T Q_1 = 1 \tag{3.5}$$

解决式(3.5)，可使用奇异值分解或特征值分解方法，此处以特征值分解为例进行求解。仍使用拉格朗日乘子法，引入拉格朗日乘子 λ、θ，其拉格朗日函数为

$$\mathcal{L}(P_1, Q_1, \lambda, \theta) = P_1^T X^T Y Q_1 - \frac{\lambda}{2}(P_1^T P_1 - 1) - \frac{\lambda}{2}(Q_1^T Q_1 - 1) \tag{3.6}$$

根据拉格朗日函数对 P_1 和 Q_1 求导，可得

$$\frac{\partial \mathcal{L}}{\partial P_1} = X^T Y Q_1 - \lambda P_1 = 0 \tag{3.7}$$

$$\frac{\partial \mathcal{L}}{\partial Q_1} = Y^T X P_1 - \theta Q_1 = 0 \tag{3.8}$$

解法可参考 CCA，两个式子左右两边分别同乘 P^T、Q^T。可求得 $\lambda = \theta$，以及：

$$X^T Y Y^T X P_1 = \lambda^2 P_1 \tag{3.9}$$

$$Y^T X X^T Y Q_1 = \lambda^2 Q_1 \tag{3.10}$$

分别对 $X^T Y Y^T X$、$Y^T X X^T Y$ 进行特征值分解，P_1 和 Q_1 的解则为 $X^T Y Y^T X$、$Y^T X X^T Y$ 最大特征值对应的特征向量，λ^2 为特征值。求得 P_1 和 Q_1 即得到了 X、Y 的第 1 对主成分 $U_1 = XP_1$、$V_1 = YQ_1$。之后分别建立 X、Y 与各自第 1 对主成分 U_1、V_1 的回归方程，如下所示：

$$X = U_1 r_1^T + X_1 \tag{3.11}$$

$$Y = V_1 w_1^T + Y_1 \tag{3.12}$$

式(3.11)和式(3.12)，X_1、Y_1 均为残差矩阵，r_1、w_1 均为回归系数。根据最小二乘法，可得到

$$r_1 = \left(U_1^T U_1\right)^{-1} X^T U_1 \tag{3.13}$$

$$w_1 = \left(V_1^T V_1\right)^{-1} Y^T V_1 \tag{3.14}$$

通过 s_1 替代原始变量 X，将高维数据压缩到低维潜变量空间，可得到

$$s_1 = \left(U_1^T U_1\right)^{-1} V_1^T U_1 \tag{3.15}$$

$$Y = U_1 s_1 w_1^T + Y_1^* \tag{3.16}$$

至此，偏最小二乘法第一次循环推导结束。之后的每一次循环，均将 X_i、Y_i^* 视为原始变量 X、Y，代入上述推导，进行下一次循环。考虑当前已进行 K 次循环，则可以得到

$$X = U_1 r_1^T + U_2 r_2^T + \cdots + U_K r_K^T + X_K = UR^T + X_K \tag{3.17}$$

$$Y = V_1 w_1^T + V_2 w_2^T + \cdots + V_K w_K^T + X_K = VW^T + Y_K \tag{3.18}$$

$$V = U \cdot S^T + V_K \tag{3.19}$$

若残差矩阵 X_K、Y_K^* 已满足需求(例如 Y_K 中元素的绝对值近似为 0)，则视为主成分已提取完全，可以停止循环。将 $U_i = XP_j$ 代入式(3.16)中，可以得到

$$Y = U \cdot S^T W^T + Y_K^* \tag{3.20}$$

根据上述计算得到的回归系数矩阵即可对测试数据进行判别。由上可知，PLS 总共建立了两类回归方程模型，第一类即自变量与因变量与各自主成分的回归方程，第二类即建立因变量主成分与自变量主成分的回归方程(或两者主成分的回归方程)，该方程又被称为 PLS 的内模型。

值得注意的是，投影矩阵 P 其实与回归系数矩阵 R 有特别的联系。下面以 P_1 与 r_1 为例进行阐述，可见式(3.21)：

$$P_1^T r_1 = P_1^T \left(U_1^T U_1\right)^{-1} X^T U_1 = \left(U_1^T U_1\right)^{-1} U_1^T U_1 = 1 \tag{3.21}$$

虽然 r_1 可根据约束条件使用 P_1 进行替换，同样可以满足等式要求和几何要求，但此时是作回归分析，目的为最小化残差矩阵，故根据最小二乘法得到的 r_1 一般与 P_1 不同。

通常情况下，对于自变量 $\boldsymbol{X}$ 最多可以提取的主成分数量与其秩 $\mathrm{rank}(\boldsymbol{X})$ $(\mathrm{rank}(\boldsymbol{X})\leqslant\min(n-1,\mathrm{d}))$ 相等。但有时只提取比重较大的主成分也能取得一定的效果，同时减少计算量。故主成分个数作为 PLS 的一个超参数，其确定方式也成为一个改进方向。目前，最常用的方式则是通过交叉验证（cross validation）方法来确定。其中需要引入两个定量指标：预测误差平方和（PRESS）和误差平方和（ESS），其计算方法如下：

$$\mathrm{PRESS}(c) = \sum_{i=1}^{n}\sum_{j=1}^{c}\left(y_{ji}-\hat{y}_{ij}\right)^2 \tag{3.22}$$

$$\mathrm{ESS}(c) = \sum_{i=1}^{n}\sum_{j=1}^{c}\left(y_{ji}-\hat{y}_{ij}\right)^2 \tag{3.23}$$

在选择 c 个主成分的条件下，PRESS 和 ESS 的计算方法如下：在 PRESS 中，对每一个 x_i 使用剩余数据建立 PLS 模型进行预测，即进行留一法交叉检验；而 ESS 则是使用全部数据，计算预测数据 $\hat{Y}$ 与 Y 的残差平方和。PRESS 越小，则说明 c 为合适的主成分个数。一般来说，总有 $\mathrm{PRESS}(c)>\mathrm{ESS}(c)$，且 $\mathrm{ESS}(c)<\mathrm{ESS}(c-1)$，故将 $\dfrac{\mathrm{PRESS}(c)}{\mathrm{ESS}(c-1)}$ 作为评价指标，其值越小则模型效果越好，c 越有可能作为合适的主成分个数。

根据该指标一般有两种确定方法。

第一种方法即设置阈值 ϵ，定义交叉有效性指标如下：

$$Q_c^2 = 1 - \frac{\mathrm{PRESS}(c)}{\mathrm{ESS}(c-1)} \tag{3.24}$$

即当 $Q_c^2 > \left(1-\dfrac{\mathrm{PRESS}(c)}{\mathrm{ESS}(c-1)}\right)^2 = \epsilon^2$ 时，增加主成分个数对模型预测能力的提升将不再有较大意义。

第二种方法则是绘制 $\dfrac{\mathrm{PRESS}(c)}{\mathrm{ESS}(c-1)}$ 与主成分个数的折线图，选择折线拐点对应的主成分个数，这是因为拐点之后曲线趋于平缓，算法逐渐收敛，继续提取对模型性能没有太大意义。交叉验证需要在算法每一次循环结束之前运行，当达到上述条件时，循环停止。

（2）非线性偏最小二乘法。

传统 PLS 只能对自变量与因变量之间的线性关系进行建模，如果两者间存在非线性关系，或是数据中存在非线性因素的干扰，PLS 模型效果则往往难以令人满意。非线性偏最小二乘法（NLPLS）即传统 PLS 为应对该情形所作的扩展。目前 PLS 非线性扩展主要分为两个研究方向：对 PLS 内或外模型采用非线性拟合的方式；将原始数据中的非线性关系转化为线性关系，再用传统 PLS 建模。

目前大多数基于内、外模型改进思想的 NLPLS 方法关注内模型，PLS 建立自变量与因变量的线性回归方程，因此可考虑使用非线性函数替代线性回归，例如使用最小二乘非线性多项式函数，以已提取的第一对主成分为例，建立自变量主成分与因变量主成分的二阶多项式回归方程，可用式（3.25）进行描述。

$$V_1 = t_0^{\mathrm{T}} + U_1 t_1^{\mathrm{T}} + U_1^2 t_2^{\mathrm{T}} + E^* \tag{3.25}$$

式中，V_1 为因变量；U_1 为自变量的第一主成分；t_0^{T} 为常数项（截距）；t_1^{T} 为一次项的回归系数；t_2^{T} 为二次项的回归系数；E^* 为模型的误差项。

数据在原始特征空间中呈非线性分布，线性不可分；但在高维特征空间中，数据则可能线性可分。基于此假设，核函数被引入传统 PLS，通过核函数将原始数据映射至高维特征空间，得到新的线性可分的高维数据，之后再建立 PLS 模型，即为核偏最小二乘法（KPLS）。令 $\phi(\cdot)$ 为核函数，$\boldsymbol{\Phi} = \phi(\boldsymbol{X})$，则 KPLS 的目标函数为

$$\max P_1^{\mathrm{T}} \boldsymbol{\Phi} Y Q_1 \tag{3.26}$$

$$\text{s.t. } P_1^{\mathrm{T}} \boldsymbol{\Phi}^{\mathrm{T}} \boldsymbol{\Phi} P_1 = Q_1^{\mathrm{T}} Y^{\mathrm{T}} Y Q_1 = 1 \tag{3.27}$$

核函数能将数据映射至高维甚至无穷维的空间，在具体计算时可以利用核技巧简化计算。核技巧能够根据核函数性质直接计算映射后数据的核矩阵 $\boldsymbol{\Phi}^{\mathrm{T}} \boldsymbol{\Phi} \in \mathbf{R}^{n \times n}$，从而避免分别进行映射再计算核矩阵。设 KPLS 最终建立的模型表达式为 $\boldsymbol{B}$，则样本 $\boldsymbol{X}_0$ 的预测为

$$Y_0 = \boldsymbol{\Phi}(\boldsymbol{X}_0) \boldsymbol{B} \tag{3.28}$$

式中，Y_0 为预测标签。与基于内、外模型改进的非线性 PLS 相比，KPLS 直接对原始数据作映射，并在新的特征空间进行建模，不用担心原始数据的非线性特征会被丢失，且同时解决了对非线性数据建模的问题。相较于基于深度学习的方法，KPLS 计算开销较小，参数数量也相对较少，且具有与传统 PLS 近乎相同的复杂度。本节主要运用核偏最小二乘法对加药数据进行建模，并输出结果。

基于此，最终选择 CCA-PLS 的算法模型，配合交叉验证和预处理算法，既保证了数据的稳定性，又加强了模型的耦合性，更提升了模型的准确性，保证了加药算法模型的开发。

2. 算法训练

采用箱线图和基于滑动均值进行异常数据处理，某一时刻的滑动均值等于从该时刻开始往前的 200 条或合适数量的数据加权平均值，数据的权重呈指数分布，离该时刻越近的数据权重越大。

箱线图：先将数据从小到大排序，然后找到最小值、1/4 位数、中位数、3/4 位数、最大值，进而计算最小观察值和最大观察值。如果最小值≤最小观察值，则下边缘=最小观察值；反之，最小值＞最小观察值，则下边缘=最小值。如果最大值≥最大观察值，则上边缘=最大观察值；反之，最大值＜最大观察值，则上边缘=最大值。数据如果落在下边缘和上边缘之间为正常数据，不在这个范围的数据为异常数据。

$$最小观察值=1/4\ 位数–1.5\times(3/4\ 位数–1/4\ 位数)$$

$$最大观察值=3/4\ 位数+1.5\times(3/4\ 位数–1/4\ 位数)$$

对进水流量和进水浊度进行异常值处理，可以将数据按照每月或每两周进行分组，分析各组数据范围，对不在正常范围的数据标记为异常数据进行删除或利用滑动均值替换异常值。

取三天的数据进行模型训练，首先对数据进行预处理操作，使数据平滑（图 3.3～图 3.7）。

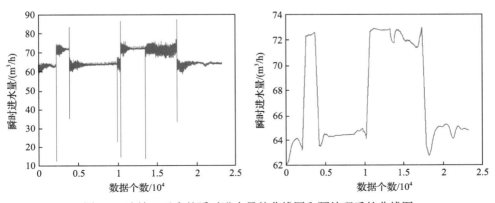

图 3.3　连续三天内的瞬时进水量的曲线图和预处理后的曲线图

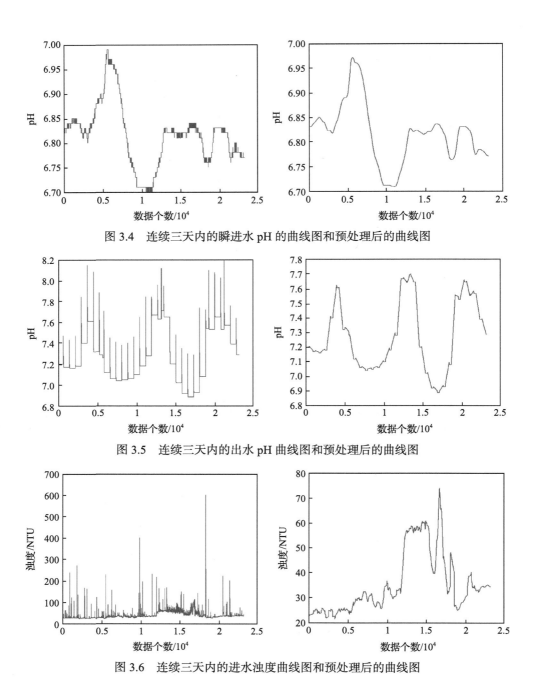

图 3.4　连续三天内的瞬进水 pH 的曲线图和预处理后的曲线图

图 3.5　连续三天内的出水 pH 曲线图和预处理后的曲线图

图 3.6　连续三天内的进水浊度曲线图和预处理后的曲线图

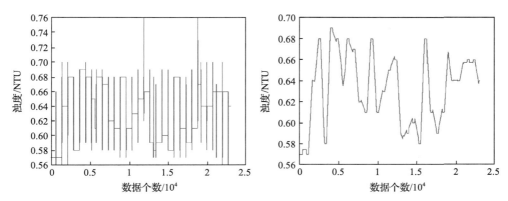

图 3.7　连续三天内的出水浊度的曲线图和预处理后的曲线图

以此为数据进行模型训练，得到结果如图 3.8 和图 3.9 所示。

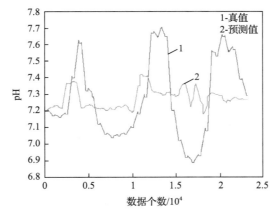

图 3.8　模型出水 pH 预测的曲线图

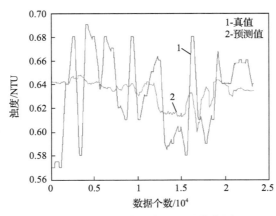

图 3.9　模型出水浊度预测的曲线图

这里模型同样选择瞬时进水量、前端 pH、前端浊度、瞬时 PAC 加药量、瞬时 PAM 加药量作为模型的输入参数，以出水 pH、出水浊度作为模型的输出参数，为了保证训练数据的数量和质量，暂时控制到 10000 条数据，数据选择为每一段时间的平均值，且尽量为简单的梯度关系。

通过数据分析，首先分析了不同时间段训练数据的有效性，然后通过数据预处理，解决了数据中异常值和波动性大的问题，最后再通过优化训练数据集的数量和质量，选出了效果最好的训练数据集，再改变输出，最终达到控制加药量的目的。

3.2　含油污水处理回用安全稳定运行调控技术

针对港口含油污水处理站间歇式启停下的稳定运行难题，构建了复合高分子絮凝沉淀-内电解/电 Fenton 耦合的港口含油污水预处理技术及关键运行参数体系，基于高通量分子生物学手段揭示了微生物群落结构响应机理，筛选并研发了港口含油污水高效降解微生物制剂。

3.2.1　新型复合高分子絮凝剂研发

传统絮凝剂对港口含油废水有一定的处理效果，但絮凝剂的投加量通常较大（100mg/L）。亟须研究开发高效、经济的聚合絮凝剂，适用于港口含油污水絮凝沉淀处理工艺。

1. 新型聚合絮凝剂的制备

根据港口含油废水水质特性，制备了 3 种新型聚合絮凝剂，分别为 PAFS+CST、PAFC+CST、PAFC+PAM，并以 PAFS 和 PAFC 作为对比絮凝剂。制备方法如下：

（1）PAFC：将 50mL 浓度为 1mol/L 的 $AlCl_3$ 和 50mL 浓度为 1mol/L 的 $FeCl_3$ 混合液倒入烧瓶中，控制一定的温度，在磁力搅拌器强烈搅拌下，缓慢滴加 1mol/L 的 NaOH 溶液至开始产生絮体；控制一定的滴速，碱液滴加完毕后继续反应 30min；熟化 24h 后稀释至 1000mL，即制得浓度为 14.8g/L 的 PAFC。

（2）PAFS：称取 0.534g $Al_2(SO_4)_3$ 和 0.375g $Fe_2(SO_4)_3$ 溶于水中，于 60～70℃下搅拌，熟化 6h 后，稀释至 1000mL，制得的 PAFS 浓度为 0.9g/L。

（3）PAFS+CST：取 10g/L 的壳聚糖（CST）3mL 溶于烧瓶中，将 132mL 自制的 PAFS 缓慢滴加到 CST 中，控制一定的滴速，外接冷凝回流装置和搅拌器，控制搅拌时间、速度，合成完毕后冷却，定容到 500mL 容量瓶中，即制得浓度为 0.3g/L 的 PAFS+CST。

（4）PAFC+CST：与 PAFS+CST 的制备过程一样，只需将 132mL 的 PAFS 换成 81mL 的 PAFC，将 3mL 浓度为 10g/L 的 CST 换成 30mL 浓度为 10g/L 的 CST，制得的 PAFC+CST 浓度为 3g/L。

（5）PAFC+PAM：与 PAFC+CST 的制备过程一样，只需将 81mL 的 PAFC 换成 8.1mL 的 PAFC，将 30mL 浓度为 10g/L 的 CST 换成 30mL 浓度为 1g/L 的 PAM。制得的 PAFC+PAM 浓度为 0.3g/L。

2. 新型聚合絮凝剂性能试验

通过六联搅拌机进行搅拌实验，5 种新型絮凝剂的投药量均为 45mg/L，加药后，首先以 300r/min 的速度搅拌 1min，再以 150r/min 的速度搅拌 20min，静置 30min 后在水面下 2～3cm 处取样，测定 COD、石油类、SS 指标。所配制的聚合絮凝剂对港口含油废水中污染物的去除效果如图 3.10 所示。相比于其他聚合絮凝剂，当投药量均为 45mg/L 时，PAFC+CST 对港口含油废水中 COD 和含油量的去除率最高，当原水 COD 和含油量分别为 689.0mg/L 和 33.2mg/L 时，经 PAFC+CST 絮凝沉淀处理后出水 COD 和含油量分别为 401.0mg/L 和 18.4mg/L，去除率分别为 41.8%和 44.6%。

3. PAFC+CST 絮凝工艺最佳操作条件的确定

通过正交试验，确定 PAFC+CST 絮凝工艺最佳工艺方案和运行参数。选取四个因素，分别为：①絮凝剂投药量；②PAFC 中 Al 与 Fe 的体积比（V_{Al}/V_{Fe}）；③CST 与 PAFC 的体积比（V_{CST}/V_{PAFC}）；④反应液的 pH。

该试验各个因素的水平数都为 3，以 COD 为指标考察新型絮凝剂 PAFC+CST 絮凝性能，其正交试验因素水平如表 3.14 所示，正交试验结果如表 3.15 所示。

通过处理正交试验结果，研究各主要因素的影响程度。T_{ij} 表示第 j 个因素在第 i 个水平下试验数据之和，t_{ij} 表示第 j 个因素在第 i 个水平下试验数据之和的平均值。对于 COD 去除率，各因素平均值的最大值为该因素的优选水平。R_j 表示为 t_{ij} 最大与最小值之差。R_j 越大，表示该因素水平变化对该实验指标影响越大，该影响因素越重要。极差分析如表 3.16 所示。

由实验结果及极差分析可知，以 COD 去除率为判断依据时，投药量的极差最大，为 0.161，V_{CST}/V_{PAFC} 的极差最小，为 0.061，由此可知，各因素对 COD 去除率实验影响的程度大小依次为：投药量>pH>V_{Al}/V_{Fe}>V_{CST}/V_{PAFC}。

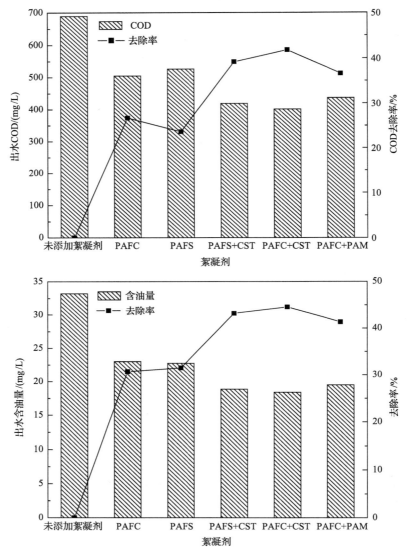

图 3.10　新型聚合絮凝剂对港口模拟废水中污染物的去除效果

表 3.14　正交试验因素水平表

水平	因素			
	PAFC+CST 投药量/(mg/L)	V_{Al}/V_{Fe}	V_{CST}/V_{PAFC}	pH
1	25	0.5	0.1	5
2	50	1	0.3	7
3	75	1.5	0.5	9

表 3.15　正交试验结果

序号	投药量/(mg/L)	V_{Al}/V_{Fe}	V_{CST}/V_{PAFC}	pH	COD 去除率/%
1	1	2	2	1	0.61
2	3	2	2	3	0.41
3	2	2	1	1	0.31
4	2	2	1	3	0.59
5	2	2	2	2	0.31
6	1	2	3	2	0.59
7	2	3	2	1	0.53
8	2	1	2	3	0.69
9	1	1	2	2	0.42
10	2	3	2	3	0.65
11	3	2	2	1	0.49
12	2	2	2	2	0.61
13	2	1	3	2	0.57
14	1	2	1	2	0.48
15	2	1	2	1	0.53
16	2	2	2	2	0.53
17	2	3	3	2	0.67
18	1	2	2	3	0.47
19	3	3	2	2	0.47
20	3	2	1	2	0.65
21	2	2	2	2	0.57
22	1	2	3	2	0.65
23	1	3	2	2	0.67
24	3	1	2	2	0.47
25	2	1	1	2	0.72
26	2	2	2	2	0.58
27	2	2	3	1	0.58
28	2	2	3	3	0.54
29	2	3	1	2	0.62

表 3.16　极差分析

因素	不同因素和水平下的 COD 去除率/%			
	投药量/(mg/L)	V_{Al}/V_{Fe}	V_{CST}/V_{PAFC}	pH
T_{1j}	4.61	3.8	3.69	3.05
T_{2j}	9.6	9.29	9.41	10.3
T_{3j}	2.49	3.61	3.6	3.35
t_{1j}	0.569	0.613	0.615	0.508
t_{2j}	0.565	0.546	0.554	0.586
t_{3j}	0.498	0.602	0.6	0.558
R_j	0.161	0.084	0.061	0.098

考察投药量因素时，可知水平编号为 1 时所对应的 COD 去除率均值最大，即投药量最佳水平为 25mg/L。考察 V_{Al}/V_{Fe} 因素时，可知水平编号为 1 时所对应的 COD 去除率均值最大，即 V_{Al}/V_{Fe} 最佳水平为 0.5。考察 V_{CST}/V_{PAFC} 因素时，可知水平编号为 1 时所对应的 COD 去除率均值最大，即 V_{CST}/V_{PAFC} 最佳水平为 0.1。考察 pH 因素时，可知水平编号为 2 时所对应的 COD 去除率均值最大，即 pH 最佳水平为 7。

综上，新型聚合絮凝剂最佳反应条件是投药量为 25mg/L，$V_{Al}/V_{Fe}=0.5$，$V_{CST}/V_{PAFC}=0.1$，pH=7，在此条件下 COD 去除率最高。

3.2.2　内电解/电芬顿耦合预处理技术

为提高港口含油废水的预处理效果，提高废水可生化性，减少稀释新水用量，开展了内电解/电芬顿耦合预处理技术研究，为废水的后期生化处理或深度处理提供便利。

1. 铁碳内电解处理港口含油废水的实验研究

含油废水是一种典型的难降解的交通运输和港口码头常见废水，所含污染物不仅浓度较大，且成分十分复杂。内电解技术是以颗粒炭、石墨或其他导电惰性物质为阴极，以铁屑为阳极，以电解质起导电作用构成原电池处理废水的电化学工艺。

本研究采用果壳基活性炭（碳元素的质量分数不小于 21%），平均粒径为 3mm，使用前先用废水浸泡 24h，以减少吸附作用对实验结果的影响。所用铁屑装填前用热碱溶液反复搓洗除油，然后用 3%（质量分数）的稀盐酸浸泡活化 30min。首先将铁屑与活性炭以 1∶1 的体积比进行均匀混合，然后装填在内电解反应器中。用浓硫酸调节反应器进水 pH，进行动态实验以探究内电解反应的影响因素。

（1）停留时间（HRT）对 COD 去除率的影响。

在内电解进水 COD 为 96.41mg/L、内电解进水 pH 为 2.91 的条件下，内电解 HRT 对内电解出水 COD 的影响如图 3.11 所示。当 HRT 分别为 0h、0.5h、1.0h、1.5h、2.0h、2.5h 时，内电解出水 COD 分别为 94.6mg/L、82.3mg/L、70.1mg/L、65.1mg/L、60.1mg/L、55.6mg/L，说明 HRT 的延长有利于 COD 的去除。在实际工程应用中，HRT 的延长会增加设备投资，扩大占地面积，提高运行成本，而过短的 HRT 又难以保证处理效果。综合考虑，确定内电解工段的最佳停留时间（HRT）为 1.0h。

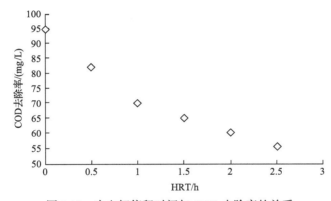

图 3.11　内电解停留时间与 COD 去除率的关系

（2）溶液 pH 对 COD 去除率的影响。

在内电解进水 COD 为 96.41mg/L、内电解 HRT 为 1.0h 的条件下，内电解进水 pH 对内电解出水 COD 的影响如图 3.12 所示。当进水 pH 分别为 2.75、3.25、

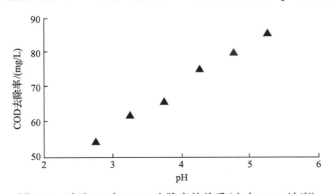

图 3.12　溶液 pH 与 COD 去除率的关系（出水 COD 浓度）

3.75、4.25、4.75、5.25 时，内电解出水 COD 分别为 54.6mg/L、62.3mg/L、66.1mg/L、75.4mg/L、80.1mg/L、85.6mg/L；随 pH 的增加，内电解工段对 COD 的去除效果呈逐渐下降的趋势；特别是当进水 pH 从 3.25 增至 3.75 时，COD 的去除效果明显下降。根据实验结果并结合实际工程的特点，确定内电解工段的最佳进水 pH 为 3.5 左右。

2. 电芬顿处理港口含油废水的实验研究

在研究内电解原电池降解含油废水的基础上，本节主要采用电芬顿法处理港口含油废水，并通过数学模型的建立对其反应动力学规律进行研究。

实验采用的阴极是北京华晟云联科技有限公司生产的碳纤维（10cm×8cm），厚度为 0.5cm，阳极为纯铁片（10cm×8cm），反应器容积为 $\Phi300mm×1000mm$，有机玻璃材质。反应器呈柱状，可自由拆卸的横向隔板和竖向隔板将过滤柱分为 6 部分，如图 3.13 所示。根据实验需要填装不同的填料或进行不同的微电场/电芬顿反应。实验的进水流量为 $0.7m^3/h$，柱底层装有法兰卸料口，下部设有两个曝气头对过滤柱进行均匀曝气。该反应器设有反冲洗系统，能够根据需要对填料进行反冲洗。

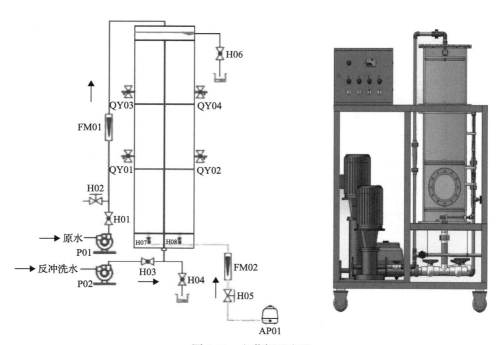

图 3.13　电芬顿反应器

1) 电芬顿处理港口含油废水的影响因素分析

（1）反应级数。

参照已有研究，化学反应动力学公式为

$$dQ = k(Q)^2 dt \tag{3.29}$$

式中，Q 为含油量，mg/L。

对式（3.29）进行积分，得到

$$Q = \{-kt + Q_0^{-1}\}^{-1} \tag{3.30}$$

式中，Q_0 为含油废水的初始浓度，mg/L；k 为反应速率。

（2）电流密度对反应速率的影响。

当初始浓度 $Q_0 = 29.8$mg/L 时，pH=3.5，分析电流密度的变化对含油废水降解效果的影响，如图 3.14 所示。可以看出电流密度越大，油的降解速率越快，去除率越高。反应开始的 5min，虽然以最大的速率生成 H_2O_2，但是浓度由 0 缓慢上升，所以石油类污染物的降解速率也很慢。实验结果表明，降解曲线都呈 "S" 形，反应开始阶段，低 H_2O_2 浓度，低降解速率；中间阶段随着 H_2O_2 浓度的快速增大，降解速率达到极致；最后阶段，石油类污染物含量很小，降解速率趋于平缓。且从图中可知，反应前 5～20min 的曲线并不符合反应速率动态方程，因此根据积分公式对含油量拟合得出不同条件下的 k 值与电流密度的关系应该以 20min 后为起始点，以下所有拟合曲线都是如此。

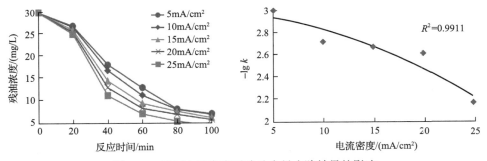

图 3.14 不同电流密度对残油含量去除效果的影响

由图 3.14 也可以发现，加大电流密度会使反应速率相应增加。这主要是因为电流密度大，通过两极的电子多，由此促进·OH、ClO^- 等强氧化物质的产生，加快石油类污染物的分解。同时，电解产生的铁的氢氧化物具有絮凝作用，对石油类污染物的降解也有贡献。

（3）pH 对反应速率的影响。

控制 Q_0=29.8mg/L，电流密度 25mA/cm²，调节不同的 pH，分析 pH 的变化对油类降解的影响，同时根据积分公式分析油含量拟合的$-\lg k$ 值与 pH 的变化关系，结果如图 3.15 所示。

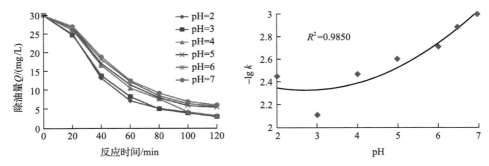

图 3.15　不同 pH 条件下废油降解的关系曲线

pH 对电芬顿处理含油废水的效果会有一定的影响，在实验条件下的最佳 pH 为 3，适宜范围 2.5～4，超出这个范围处理效果明显降低。当 pH<5 或 pH>9 时，铁主要以离子形式存在，对反应速率贡献不大；而在 pH 较大或较小条件下，都具有较高的 H_2O_2 产率，促进反应进行；接近中性条件时，产率较低，不利于反应。

（4）初始废油浓度对反应速率的影响。

控制电流密度为 25mA/cm²，pH=3.5 时，分析初始废油浓度对油类降解的影响，同时根据积分公式分析油含量拟合的$-\lg k$ 值与不同初始废油浓度的关系，结果如图 3.16 所示。

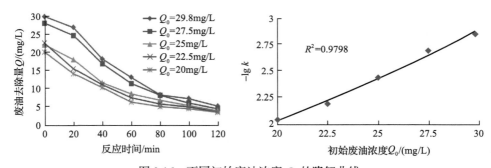

图 3.16　不同初始废油浓度 Q_0 的降解曲线

随着初始油浓度的增加，k 值单调下降，实验表现为反应速率的降低。反应开始 30min，油浓度越高，降解速率越快，这是因为两极电解产生的强氧化物的量与有机物被吸附到电极被氧化的量相当，从而加快反应速率所致；后90min 则表现出相反趋势。

2）反应动力学模型的构建与应用

（1）k 值的经验公式求解。

由上述实验结果及分析可知，pH、初始废油浓度、电流密度对电芬顿降解油类的反应都有一定的影响。本节将基于这 3 个影响因子，利用统计学方法对电芬顿反应不同条件下的$-lg k$ 值进行多元线性拟合求解。首先假设一个结合 3 个影响因子的$-lg k$ 经验拟合公式以及各因子指数的方程如下：

$$-\lg k=af_1(x_1)^b f_2(x_2)^c f_3(x_3)^d \qquad (3.31)$$

式中，x_1 为电流密度，mA/cm^2；x_2 为 pH；x_3 为初始废油浓度，mg/L；a、b、c、d 均为方程位置参数。

由上述影响因素分析可知：

$$f_1(x_1)=3.4987-0.161x_1+0.011x_1^2-2.54\times10^{-4}x_1^3 \qquad (3.32)$$

$$f_2(x_2)=8.93-6.336x_2+2.12x_2^2-0.305x_2^3+0.01475x_2^4 \qquad (3.33)$$

$$f_3(x_3)=1.88-0.0496x_3+0.00298x_3^3 \qquad (3.34)$$

使用 lstOpt 软件拟牛顿法，对上述方程进行求解，结果如表 3.17 所示。

表 3.17　lstOpt 拟合软件的数据结果

a	b	c	d	R^2
0.187	0.915	1.14	0.99	0.9877

R^2 达到 0.9877，说明假设的方程较好地拟合出电芬顿法处理船舶油污水的$-lg k$ 值变化规律。比较表 3.17 中的 b、c、d 可知，pH 对电芬顿反应影响最大，其次是初始废油浓度，最小的影响因子是电流密度。

（2）反应动力学模型的建立。

根据上述求解的 k 值经验公式，分析得出电解芬顿法处理船舶油污水的油含量的动力学模型及公式，如下：

$$-\lg k = 0.187(3.4987-0.161x_1+0.011x_1^2-2.54\times10^{-4}x_1^3)^{0.915}$$
$$\cdot(8.93-6.336x_2+2.12x_2^2-0.305x_2^3+0.01475x_2^4)^{1.14} \qquad (3.35)$$
$$\cdot(1.88-0.0496x_3+0.00298x_3^3)^{0.99}$$

当电流密度为 $25mA/cm^2$ 时，整个降解曲面在 pH=3 最低，向两边逐渐升高，且不管此时初始废油浓度多少，反应速率都是最大，尤其是初始废油浓度在 18～24mg/L 范围内，k 值都很高，处理效果明显，说明符合 pH 单因子影响因素的控制条件。

当 pH=3 时，$-\lg k$ 随电流密度和初始废油浓度变化曲面，呈现前高后低、左低右高。随着电流密度的增加，反应速率加快，电流密度为 15～25mA/cm² 时，k 值快速上升，趋势较明显。

当初始废油浓度为 29.8mg/L 时，$-\lg k$ 随 pH 和电流密度变化曲面呈前高后低的单调曲面，电流密度增加时，k 值持续升高，反应速率加快。当电流密度低于 10mA/cm²，pH 的变化对反应速率的影响不大，k 值普遍较低。

(3)实际实验数据和模拟值的对比。

验证上述动力学模型，将模型计算得出预测值与具体实验结果进行比较，结果如表 3.18 所示，可以看出，由动力学模型计算得出的出水预测值与实验值较为吻合，由此可以得出该模型能较准确地预测不同影响因子条件下，电芬顿处理船舶含油污水的出水含油量。

表 3.18 实验值和模型预测值的对比

水样编号	影响因子			反应时间/min	出水油含量浓度/(mg/L)	
	初始废油浓度/(mg/L)	电流密度/(mA/cm²)	pH		实验值	模型预测值
1	29.8	25	3.5	120	3.37	3.54
2	25	20	4	120	2.04	2.00
3	22.5	15	3	120	1.21	1.34

3. 内电解/电芬顿耦合氧化系统的构建

针对电芬顿技术存在易产生铁盐的二次污染及铁泥后续处理等瓶颈，本研究采用自制的 Fe_2O_3/TiO_2 催化剂，进一步建立了电解偶合类芬顿催化反应体系，并对其反应动力学及中间产物特征进行了研究，分析了该体系对含油废水中 COD 有机物质的催化氧化降解机理。

在催化剂 Fe_2O_3/TiO_2 制备过程中，将聚丙烯酰胺作为黏合剂，乙醇胺作为助挤剂，丙三醇作为润滑剂，活性炭粉用于扩孔，添加杆状玻璃纤维起加强筋的作用。通过空白对照实验，考察电解耦合类芬顿催化反应降解含油废水 COD 的动力学及产物特性。

实验用电解槽为无隔膜的催化填料床，填料为 $10gFe_2O_3$-TiO_2 催化剂。在底部通过空气曝气，曝气流速为 200mL/min。阳极均采用石墨电极，极板间距

1.0cm，有效面积均为 25cm^2。由北京华晟云联科技有限公司制造的直流稳压电源控制恒电流电解，电流密度为 10～500mA/cm^2。储罐盛装 500mL 港口含油废水。通过蠕动泵循环进水，流量为 40mL/min。

由文献和前期实验得出对含油废水在酸性条件下的电化学降解效果较好，故而试验将在 pH=3.0 条件下，考察不同电解体系酸性条件下对含油废水 COD 的降解速率。

在催化填料床曝气电解体系中，曝气引入的 O$_2$ 在阴极发生还原反应生成 H$_2$O$_2$，并在金属氧化物催化剂的作用下分解为·OH 等强氧化自由基，从而高效氧化含油有机物，使得 COD 降解速率大大提高。实验表明，该体系反应 3h 可达到其他电解体系 5h 的降解效果。曝气增强了电解液的湍流强度，促进了有机物质在极板上的电化学转化，从而强化了对油滴的去除效果。而 TiO$_2$ 填料的加入使电极板材有效面积减小，降低了含油物质与电极板直接接触降解的概率；在无外界曝气提供 O$_2$ 转化为 H$_2$O$_2$ 的情况下，其对含油物质的降解处理效果下降；而 TiO$_2$ 填料床曝气电解体系中，由于没有催化活性组分，处理效果最差。

催化填料床电解体系中，尽管没有外界 O$_2$ 加入，阳极副反应（H$_2$O 的电解）产生的 O$_2$ 和电解液中的溶解氧可在阴极还原生成 H$_2$O$_2$，并在催化剂的作用下对中间产物进一步氧化，也在一定程度上提高了 COD 的降解速率。在曝气电解反应体系中，曝气提供溶解氧以促进 H$_2$O$_2$ 的生成，但由于 H$_2$O$_2$ 无法迅速转化为羟基自由基等强氧化剂，单纯通过 H$_2$O$_2$ 很难有效氧化难降解中间产物。同时，曝气速度高，传质速率快，使电极表面新生的 H$_2$O$_2$ 和·OH 容易淬灭，影响了体系中 COD 的有效去除。相比之下，填料床曝气电解体系中，由于填料缺乏催化活性，影响了有机物向电极表面的传质，因此处理效果较差。

催化填料床电解、单纯电解和曝气电解 3 个体系对底物和 COD 的降解顺序明显不同。推测其原因在于底物具有较强的还原性，极板表面尤其是阴极上电化学转化速率较快，传质在底物去除方面影响较大。而 COD 去除主要反映有机物的氧化程度，由于石墨电极催化氧化能力较弱，反应过程中产生的强氧化基团的间接氧化作用成为主导因素。在催化填料床曝气电解体系中，曝气增加传质效率的同时，还结合了催化剂对 H$_2$O$_2$ 的催化作用与阴极副反应还原 O$_2$ 生成的 H$_2$O$_2$ 作用，从而大大提高了底物及 COD 的降解效果。

3.2.3　生化处理系统功能微生物菌群固化研究

1. 功能微生物菌群固化方法

以从含油污水生化处理系统中筛选得到的 *Clostridium* 与 *Pseudomonas* 等

油类污染物降解菌为核心，结合硝化菌、反硝化菌、光合细菌、酵母菌等构建含油废水高效降解微生物菌群。为提高生化系统微生物菌群对含油污水中难降解有机物的抗冲击性能，提高功能微生物菌群附着度，设计三种含油废水高效降解微生物菌群固定化方法。

(1)海藻酸钠-CaCl$_2$法(1号)：将培养好的菌悬液经12000r/min离心2min弃去上清液；用无菌水清洗两次菌株后，弃去双蒸水。将菌体溶于2%海藻酸钠溶液中，混合均匀。在无菌条件下，使用1mL的移液枪将海藻酸钠溶液滴入不断搅拌的浓度为4%的CaCl$_2$溶液中，交联固化20min，形成海藻酸钠固定化颗粒。随后，经无菌双蒸水洗涤后，置于4℃下保存备用。

(2)苎麻纤维吸附法(2号)：将培养好的菌悬液溶于5%含油培养溶液中，混合均匀。在无菌条件下，分别加入苎麻纤维和乙酸改性苎麻纤维，置于摇瓶培养48h后，经12000r/min离心2min，弃去上清液；用无菌水清洗菌株两次，弃去双蒸水后，所得菌体置于4℃下保存备用。

(3)活性炭吸附法(3号)：将培养好的菌悬液溶于5%含油培养溶液中，混合均匀。在无菌条件下，加入活性炭，摇瓶培养48h后，经12000r/min离心2min，弃去上清液，用无菌水清洗菌株两次，弃去双蒸水，所得菌体置于4℃下保存备用。

用考马斯亮蓝(Coomassie brilliant blue，CBB)法测定固定化前和固定化后洗涤液中微生物蛋白含量，计算含油废水高效降解微生物菌群固定化颗粒的包埋率。不同固定化材料的包埋率为19%～45%，其中改性苎麻纤维的包埋率最好(45%)，其次是海藻酸钠-CaCl$_2$法(35%)，活性炭颗粒的包埋率最低(19%)。

将上述方法制备的固定化颗粒和游离菌株接入含有原油浓度为1%的无机盐培养基(pH=7.5～8)中，在120r/min、30℃条件下培养，利用紫外分光光度法测定菌株对原油的降解率。改性苎麻纤维固定化混合菌经5天的摇床培养，液面上层几乎没有油粒，测得降解率高达89%；其次为海藻酸钠固定化混合菌在降解培养基中仍有少许油滴，降解率为45%；活性炭固定化混合菌培养基表面观察到小颗粒浮油，测得降解率为34%。改性苎麻纤维素微生物对石油烃的去除开始主要是吸附作用，随后为载体吸附和微生物降解的协同作用，含油废水高效降解微生物菌群不同固定化方法降解效率，如图3.17所示。

2. 微生物群落结构响应机制

图3.18为以A/O反应器为核心的港口含油废水处理实验装置，在A/O反应池中加入含油废水高效降解微生物菌群乙酸改性苎麻纤维固定化微球，分别选取运行第0天(O_0)、第30天(O_1)、第60天(O_2)以及从改性苎麻纤

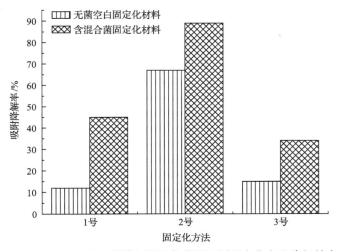

图 3.17 含油废水高效降解微生物菌群不同固定化方法降解效率

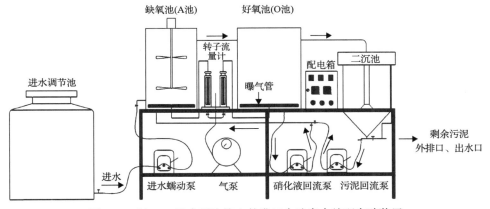

图 3.18 以 A/O 反应器为核心的港口含油废水处理实验装置

维固定化微球生物膜上取下的污泥样品（O_3）进行高通量测序分析。污泥样品经离心机以 5000r/min 转速离心 5min 后，去除上清液，并置于–20℃冰箱中保存待测。测序 DNA 采用 PowerSoil® DNA Isolation Kit 试剂盒，并参照产品使用说明中的具体步骤进行提取。测序选取 16S rRNA 基因组的 V3 和 V4 区域进行 PCR 扩增，扩增引物为 515F（5'-GTGYCAGCMGCCGCGGTAA-3'）和 806R（5'-GGACTACNVGGGTWTCTAAT-3'）。最后，用凝胶提取试剂盒纯化聚合酶链式反应（PCR）产物，进而通过 Illumina Miseq2500 PE250 高通量测序平台对样品进行基因测序和群落结构分析[95]。

高通量测序结果显示，如图 3.19 所示门水平微生物群落结构变化，门水平下相对丰度较大的为变形菌门（*Proteobacteria*）、硝化螺旋菌门（*Nitrospirae*）、拟杆

菌门 (*Bacteroidetes*) 及放线菌门 (*Actinobacteria*)。其中，变形菌门占比最高，在样本 O_0、O_1、O_2 及 O_3 中分别占 68.11%、54.87%、39.61% 及 48.59%；硝化螺旋菌门主要菌属为硝化螺菌属，在样本 O_0、O_1、O_2 及 O_3 中分别占 2.56%、4.08%、8.24% 及 11.05%。

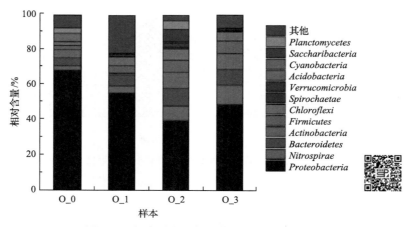

图 3.19　门水平微生物群落结构变化

属水平的微生物群落结构变化如图 3.20 所示。相对含量较大的菌属及其相

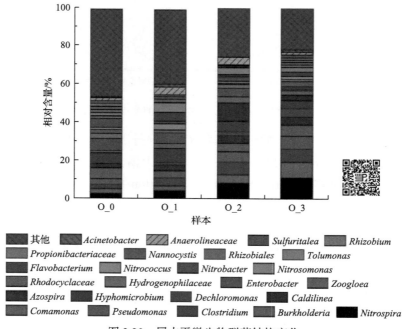

图 3.20　属水平微生物群落结构变化

对含量分别为 *Enterobacter*（6.20%）、*Comamonas*（5.81%）、*Hyphomicrobium*（5.33%）及 *Nitrobacter*（4.66%），可见主要为硝化菌属（*Nitrobacter*）及反硝化菌属（*Enterobacter*、*Hyphomicrobium*），*Comamonas* 为从毛单胞菌属，有利于芳香类、醚类等有机物的降解。

样本 O_1 中，相对含量较大的菌属及其相对含量分别为 *Hyphomicrobium*（7.35%）、*Enterobacter*（5.64%）、*Tolumonas*（5.11%）及 *Flavobacterium*（4.48%）。

样本 O_2 中，相对含量较大的菌属及其相对含量分别为 *Azospira*（9.70%）、*Nitrospira*（8.24%）、*Clostridium*（6.72%）、*Hyphomicrobium*（5.34%）、*Pseudomonas*（5.23%）、*Burkholderia*（4.54%）、*Comamonas*（4.32%）。其中，具有石油降解功能的优势菌属为 *Clostridium*、*Pseudomonas* 及 *Comamonas*。*Pseudomonas* 属于假单胞菌科，能去除烷烃类等多种有机污染物，并能同时进行硝化作用，可见随反应器运行稳定，石油降解功能菌群逐渐富集。

样本 O_3 中，相对含量较大的菌属及其相对含量分别为 *Nitrospira*（11.05%）、*Burkholderia*（8.34%）、*Clostridium*（7.10%）、*Pseudomonas*（6.39%）及 *Comamonas*（5.90%）。在样本 O_3 中，石油降解与硝化优势菌属基本与样本 O_2 相同，但相比于样本 O_2，每一菌属含量均有不同程度的增加，如 *Nitrospira* 菌属相对含量由 8.24%增长到 11.05%。

总体上，石油降解菌优势菌属总含量由样本 O_2 中的 16.27%增长到样本 O_3 中的 19.39%，石油降解菌及硝化菌属在生物膜上进一步富集。

综上，相比于海藻酸钠和活性炭固化法，乙酸改性苎麻纤维包埋率及对石油类污染物的降解效率方面表现最佳。港口含油污水生化处理系统中微生物群落结构的变化规律显示，在系统稳定运行后，相对含量较大的石油类降解优势菌属及其相对含量分别为 *Clostridium*（6.72%）、*Pseudomonas*（5.23%）和 *Comamonas*（4.32%），乙酸改性苎麻纤维固定化微球上其相对含量均有明显提升，分别为 *Clostridium*（7.10%）、*Pseudomonas*（6.39%）及 *Comamonas*（5.90%）。通过改性苎麻纤维固化可实现石油类降解优势菌属的进一步富集，提升港口含油污水生化处理系统运行稳定性及对抗难降解有机物冲击的能力。

3.2.4 陶瓷膜处理港口含油废水试验研究

1. 工艺流程

（1）分离系统。

分离系统主要包括陶瓷膜元件及组件、循环泵等。物料进入主体分离系统后，循环泵提供膜面流速及压力，通过陶瓷膜达到分离的目的。

陶瓷膜的工作条件为：温度 293～393K，操作压差 0.10～0.15MPa，膜面流速 5.0～6.0m/s，反冲周期为 15～20min（逐渐降低）。

（2）排渣系统。

排渣系统包括各种排渣阀、管道等。当物料分离结束后，物料必须及时从系统中排出。

（3）清洗系统。

物料在分离过程中，膜会不断被污染，经过一段时间后需用清洗液进行化学清洗，如果不及时清洗，则处理量会不断下降。

2. 膜孔径的选择

影响微滤分离性能的主要因素有三个方面：

（1）膜本身的性能：包括膜孔径、表面层的厚度、孔隙率、润湿性、Zata 点位等膜面性质以及膜的纯水通量。

（2）原料液的性质：包括黏度、pH、悬浮物颗粒的性质、电荷数、分散状态及溶解性气体的存在与否。

（3）过程的操作参数：包括微滤的操作压差、膜面速度、原料液温度和浓度等。此外，微滤过程的稳定运行还与料液的预处理、热敏性及其他因素有关。

微滤膜的分离机理主要是筛分效应。该实验首先要筛选合适的膜孔径，使得粒径小于膜孔的水分子能顺利透过微滤膜，粒径大于膜孔的油滴和悬浮物被截留，最终实现油水分离。一般认为，膜通量随着膜孔径的增加而增大，但截留率会随着膜孔径的增大而降低。在实际应用中，由于吸附、浓差极化和凝胶层等现象均对膜通量产生影响，料液中的悬浮颗粒分布与膜孔径之间的匹配关系并不是简单的机械截留关系，最终的截留效果还包括吸附截留、架桥截留、内部截留等作用。故需要通过实验选择合适的膜孔径对特定体系进行处理。

针对该实验处理的港口特征废水，选择南京工业大学膜科学技术研究所提供的孔径分别是 50nm、200nm 的氧化锆膜管。不同孔径下膜通量随时间的变化结果如图 3.21 所示，可以看出，孔径 50nm 的膜通量约为 200nm 的二分之一；孔径 200nm 膜的初始通量为 410L/(m²·h)，孔径 20min 时膜通量降低到 184L/(m²·h)，之后逐渐稳定在 173L/(m²·h)；孔径 50nm 的膜通量随时间衰减情况要显著地低于孔径 200nm 的膜，该膜在较短的时间内（10min）即达到稳定，之后的通量随时间的变化呈现一水平直线，表明其对油滴有较好的拦截作用。综合考虑膜通量和截留率指标，实验选用了孔径为 200nm 的氧化锆膜作为实验用膜。

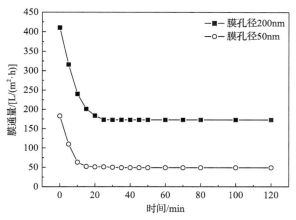

图 3.21　陶瓷膜孔径对膜通量的影响(温度 T=298K,膜面速度 u=10m/s,操作压差 ΔP=0.10MPa)

3. 操作条件的优化

(1)操作压差。

操作压差是膜过滤过程的推动力,其数值大小直接影响膜过滤的通量范围。通过实验观察膜通量与操作压差、运行时间的关系,实验结果如图 3.22 所示,可以看出,初始膜通量随着操作压差的提高而增加。但实际应用中更关注稳定通量这一工程指标。图 3.23 反映了操作压差对膜通量的影响,可以看出当压差在 0.030～0.100MPa 时,通量随压差的增加而增加,膜阻力控制了通量,此阶段为典型的压力控制区;当压差由 0.100MPa 增加到 0.165MPa 时,通量仍然随着压差增加,但由于膜面浓差极化层的影响,通量增加趋势减缓。有研究指出,当压差继续增加,膜面会形成致密的凝胶层,微滤过程的推动力从压力

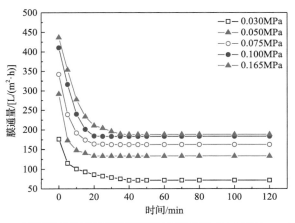

图 3.22　不同操作压差下膜通量随时间的变化(T=298K,u=10m/s)

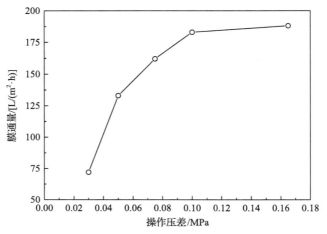

图 3.23　操作压差对膜通量的影响（T=298K，u=10m/s）

控制转变为浓度控制，通量与压差变化无关（这一临界压差值通常为 0.1～0.2MPa）。另外有研究发现，当压差大于 0.25MPa 后，大量污染物质受压变形进入膜孔，造成膜的清洗再生则要比低压差时困难得多，甚至无法恢复。因此综合考虑各方面的因素，本节实际操作压差控制在 0.10MPa 左右。

（2）环境温度。

提高环境温度可大幅度提高膜通量，主要原因包括：由于温度的升高，料液黏度降低，流动状态得到改善，同时膜面滞留层变薄；温度的升高使得溶质扩散系数增大，沉积于膜面的溶质易于返回流体主体，减轻膜面的浓差极化现象；温度升高有效降低溶剂透过膜的孔流和扩散阻力。

该实验中微滤稳定膜通量随温度的变化如图 3.24 所示，可以看出，膜通量几乎与环境温度成正比。因此为保证高通量，应尽可能提高环境温度。但是提高温度必然伴随着能耗的增加和成本的升高。在实际操作中应综合考虑工况条件。本书后续研究均采用的温度条件为 303K。

（3）环境 pH。

pH 一方面可通过改变油粒电性而影响通量，另一方面由于 ZrO_2 膜材料带有电荷，pH 的变化会影响膜表面的电荷性质，从而影响膜面性能。因此，微滤过程受环境 pH 影响甚大。本节研究了 pH 对膜通量的影响情况（图 3.25、图 3.26）。可以看到，pH 从 1.86 增大到 6.77（原水 pH）时膜通量达到最大，当pH 继续增大时，膜通量降低。引起上述现象的原因是 ZrO_2 的等电点为 5，当pH 接近 ZrO_2 的等电点时，膜通量达到较大值，pH 过大或过小均会对膜通量产生较大的影响。在实际应用中应根据处理原料液灵活调节选择。

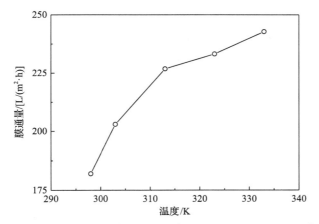

图 3.24 环境温度对膜通量的影响（ΔP=0.10MPa，u=10m/s）

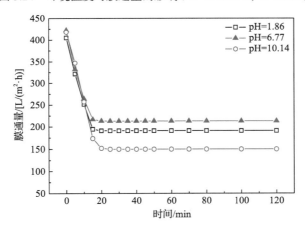

图 3.25 不同环境 pH 下膜通量随时间的变化（T=303K，u=10m/s，ΔP=0.10MPa）

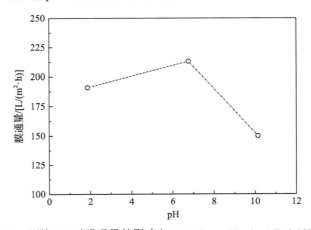

图 3.26 环境 pH 对膜通量的影响（T=303K，u=10m/s，ΔP=0.10MPa）

（4）膜面流速。

微滤过程采用的是错流操作。一般认为在错流过滤过程中，增大膜面流速可提高膜通量。图 3.27 显示了不同膜面流速下膜通量随时间的变化关系，可以看出，初始膜通量同样随着膜面流速的提高而增加。图 3.28 为膜面流速与膜通量的关系，从图中可以看出，在 6.3m/s 到 10.0m/s 的范围内，随着膜面流速的增加，流体对膜面施加的剪应力随着增大，膜表面沉积的油滴不断地被带走，减小了凝胶层厚度，或减弱了浓差极化的影响，使得膜通量不断提高。当膜面流速大于 10.0m/s 后，膜通量增长速率逐渐变缓，这是由于流速过高，流动阻力大为增加，且料液在膜面停留时间较短，不利于传质。因此实际操作中，膜面流速选择在 10m/s 左右。

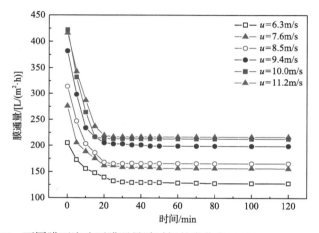

图 3.27　不同膜面流速下膜通量随时间的变化（T=303K，ΔP=0.10MPa）

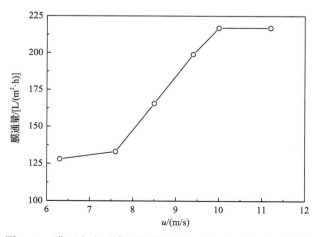

图 3.28　膜面流速对膜通量的影响（T=303K，ΔP=0.10MPa）

4. 陶瓷膜对 COD 的去除

分别选取三种不同水质的含油废水，并按照污染程度从小到大依次进行陶瓷膜分离试验，结果如图 3.29 所示。由图 3.29 可以看出，陶瓷膜对废水中 COD 去除效果有限：对于含油废水 B 的去除效果最好，去除率也仅为 43.8%。

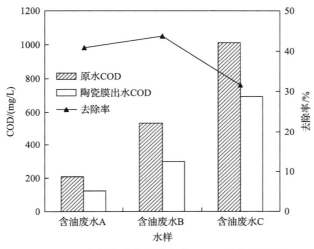

图 3.29　陶瓷膜对含油废水中 COD 的去除效果

5. 陶瓷膜对油类物质的去除

陶瓷膜对上述三种不同含油废水中油类物质的去除效果见图 3.30，可以看

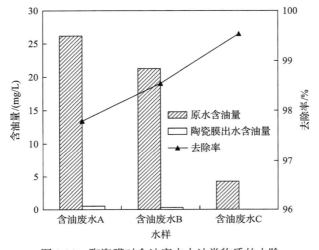

图 3.30　陶瓷膜对含油废水中油类物质的去除

出陶瓷膜对石油类污染物有很好的去除效果：进水含油量为 4～26mg/L，出水浓度最高值为 0.44mg/L，去除率高达 98%以上。

6. 陶瓷膜处理港口含油废水的膜污染研究

同膜生物反应器，在处理港口含油废水过程中，陶瓷微滤膜同样发生了严重的膜污染。由于污染物在膜表面的沉积、膜孔内堵塞，使得膜通量不断下降，处理能力不断下降。由图 3.31 可以看出，膜初始通量为 500L/(m²·h)，第 20min 时，迅速降到 150L/(m²·h)以下。

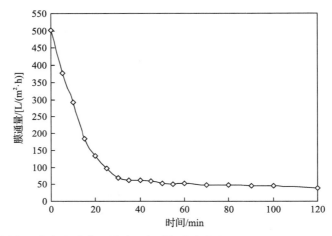

图 3.31　实际应用中陶瓷膜膜通量随运行时间的变化(T=303K，ΔP=0.10MPa，u=10m/s)

(1) 膜污染机理。

引起膜通量不断衰减的因素主要包括膜污染和膜面的浓差极化。

膜污染又分为物理污染和化学污染。物理污染是指颗粒或胶体在膜表面的沉积、膜孔内堵塞，这与膜表面的粗糙度、膜孔的结构、粒子的大小形状有关；化学污染包括粒子在膜表面和膜孔内的吸附、结晶沉积，与膜表面的电荷性、表面张力等有关。

浓差极化是指在分离过程中，料液中的溶剂在压力驱动下透过膜，大分子溶质被截留，导致膜表面与临界膜面区域浓度越来越高。在浓度梯度的作用下，大分子溶质由膜面向主体溶液扩散，形成浓度边界层，使流体阻力与局部渗透压增加，从而导致溶剂渗透量逐渐减少。与此同时，溶剂在向膜面流动时携带溶质到达膜面，当流体中的溶质向膜面的对流速率与膜面溶质向主体溶液的扩散速率达到平衡时，在膜面附近存在一个稳定的浓度梯度区，这一区域称为浓度极化边界层，这一现象称为浓差极化。在微滤和超滤的分离过程中，必然伴随着浓差极化现象。在低流速、高溶质浓度条件下，这一现象更为严重。

（2）膜污染控制。

为了保证陶瓷膜高效、稳定运行，解决膜污染问题迫在眉睫。陶瓷膜污染的防治、减缓措施主要有 3 种方式：

对料液进行预处理、改善料液特性对陶瓷膜污染具有很好的防治作用。料液中常含有无机物、有机物、微生物和胶体等杂质，对陶瓷膜产生不利影响，因此要对料液进行预处理，在工艺中增加相应的预处理过程以除去优势污染物，使陶瓷膜污染降到最低程度。

改善陶瓷膜的性质，提高陶瓷膜的亲水性。研究表明，陶瓷膜材料的亲水性对陶瓷膜抗污染性能影响很大，亲水性膜受吸附影响较小，能产生更大的膜通量。

优化陶瓷膜分离操作条件。操作条件与陶瓷膜污染密切相关，陶瓷膜通量、操作压力、错流流速、水力停留时间、固体停留时间和运行温度等运行条件对陶瓷膜污染产生直接的影响。

首先选择第一种减缓膜污染措施，通过对陶瓷膜的进水进行混凝沉淀预处理（处理结果如图 3.32 所示），去除部分料液中的无机物、有机物和胶体等，减少对陶瓷膜的冲击。预处理后的膜通量变化趋势如图 3.33 所示，可以看到膜污染程度得到部分减缓，第 20min 时，膜通量为 270L/（m²·h）左右，远高于未预处理下的陶瓷膜通量。

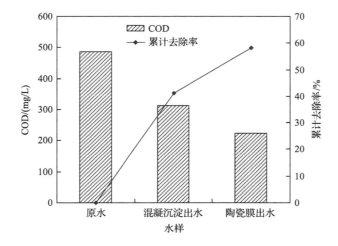

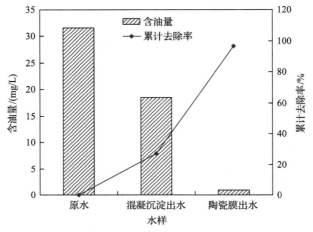

图 3.32　混凝沉淀预处理结果

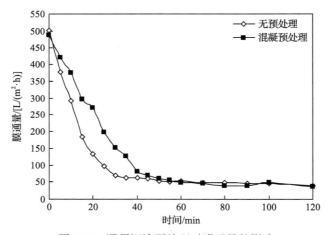

图 3.33　混凝沉淀预处理对膜通量的影响

3.3　生活污水生化处理工艺智能调控技术

　　针对水质水量波动影响下港口分散式生活污水站远程智能控制难题，建立了可有效表达生化处理过程状态变量计量关系和动力学特征的量化模型，构建了基于 ASM3 的生活污水 MBMBBR 工艺模型及数据驱动模型融合的智能控制系统框架。

3.3.1　MBMBBR 工艺过程状态变量计量关系

　　本节采用序批式 MBMBBR 工艺来处理生活污水，建立生活污水处理运行工艺过程状态变量计量关系，结合实际试验数据，对生活污水处理运行工艺进行效果分析，得到运行工艺过程中状态变量变化范围。

在序批式 MBMBBR 工艺的运行进程中，主要依靠反应池内的活性污泥以及漂浮填料表面的生物膜来去除各类污染物。然而，微生物的生长与繁衍深受环境的影响，这与处理能力的优劣密切相关。为让序批式 MBMBBR 能够达成理想的运行状态，本节设定了不同的状态变量以进行调控，将运行周期、溶解氧（DO）含量以及反应器载体填充量作为变量来开展长期实验，并针对不同条件下的处理能效展开研究，进而提出 MBMBBR 工艺过程中状态变量的理想变动范围。

1. 工艺运行参数设置

模型中运行参数设定由前期调研确定，主要包括运行周期、溶解氧含量、水温、填料比。

（1）进水参数。

以船舶生活污水水质为标准，设定工艺进水水质如表 3.19 所示。

表 3.19 初步模拟进水水质参数

名称	单位	值
COD	mg/L	150
总凯氏氮（TKN）	mg/L	30
总磷	mg/L	2.5
硝酸盐氮	mg/L	0
pH	—	7.3
碱度	mmol/L	6.5
进水中无机悬浮颗粒	mg/L	40
钙	mg/L	50
镁	mg/L	15

（2）运行周期。

根据池体有效体积，确定运行周期为 4h、6h、8h。

（3）溶解氧含量。

以曝气实际测量结合曝气池在线 DO 测定结果为参考，设定曝气时池内 DO 含量为 4mg/L、6mg/L、8mg/L。

(4) 填料比。

根据 MBMBBR 有效体积，确定填料比为 20%、30%、40%。

2. 不同变量对出水水质的影响

(1) 运行周期。

对于序批式操作，一个周期内运行分为五个过程，每个周期的五道工序都在同一反应器内周而复始地进行。不同周期决定了污水在反应器内反应的时间，对污染物去除的影响较大。因此，选择合适的运行周期对污染物的去除效能具有重要作用。本节设定不同运行周期，并对不同运行周期的反应器出水水质进行检测，探究不同运行周期对去除污染物的影响。

试验工况条件：室温条件下，曝气阶段溶解氧 6mg/L，填料比 30%。总实验天数 120 天，工况一、工况二、工况三运行周期分别为 4h、6h、8h。每隔 3 天检测一次出水水质。

不同运行周期下，COD 的进出水浓度如图 3.34 所示。整个实验反应器运行 120 天，反应器在室温下，pH 为 7 左右条件下运行。在整个过程中，进水

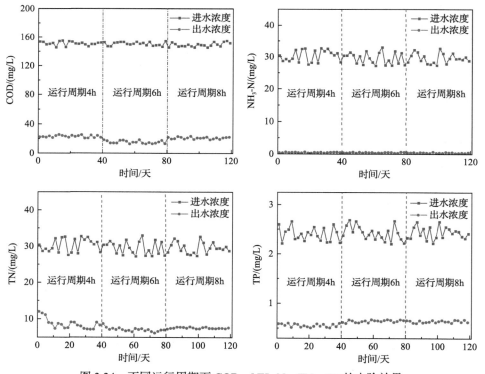

图 3.34　不同运行周期下 COD、NH₃-N、TN、TP 的去除效果

水质始终维持在 150mg/L 左右，以 40 天为一个阶段，考察不同运行周期对出水水质的影响。反应器在不同运行周期下总体 COD 去除呈现平稳趋势，运行周期 4h 下的平均去除率为 85.8%，运行周期 6h 下的平均去除率为 89.45%，运行周期 8h 下的平均去除率为 86.24%。实验结果表明，较短的运行周期对工艺整体 COD 的去除效果影响较小。

反应器进水氨氮维持在 30mg/L 左右，经过反应器处理后出水氨氮几乎完全被去除，在曝气充足的条件下硝化菌能将水中的氨氮彻底转化成硝酸盐氮，因此，运行周期对氨氮的去除及转化影响较小，主要与曝气强度有关。

不同运行周期下总氮(TN)去除效果如图 3.34 所示，运行反应器初始几天出水总氮浓度偏高，待稳定运行后总体出水浓度趋于平稳，但运行期间还是有部分波动，出水浓度维持在 8mg/L。这表明反应器中的反硝化反应不足。当进入第二阶段时，总氮出水浓度稳步下降，出水总氮维持在 6.5mg/L，第三阶段也保持在 7mg/L，结合 COD 的去除效果分析，说明周期时间适当增加有助于反硝化反应的进行以及碳源的有效利用。

总磷(TP)的去除效果如图 3.34 所示，反应器进水总磷含量维持在 2.5mg/L，在运行周期为 4h 时，出水总磷维持在 0.65mg/L 左右，进入第二阶段后，出水总磷略有上升。这表明较短的运行周期确实能提高反应器生物除磷效果，但提升效果非常有限，结合除氮效果分析，缩短反应周期会对反应器生物脱氮造成负面影响。因此，后续实验条件不再进一步缩短运行周期来提高除磷效果，确定运行周期范围在 6~8h。

(2)DO 浓度。

DO 浓度是曝气阶段重要运行参数。它决定了好氧反应过程的效能，影响有机物去除能力和硝化反应强度，另外，适当的曝气可以使泥水完全混合、填料流化，发挥生物膜的去除能力，但曝气过大不仅会增大能耗，还会对填料产生冲击，导致生物膜脱落，并使污泥絮体破碎，减少生物量。因此选择合适的 DO 浓度条件对工艺的去除效能具有重要作用，本节内容研究 DO 浓度对处理效能的影响。

试验工况条件：运行周期 6h，室温下运行，填料比 30%，阶段一、阶段二、阶段三的 DO 浓度分别为 4mg/L、6mg/L、8mg/L。每隔 3 天检测一次出水水质。

分析图 3.35 可知，COD 的去除效果随着 DO 浓度的增加呈现小幅提升的趋势，出水 COD 平均浓度分别为 23.6mg/L、17.8mg/L、20.4mg/L，当溶解氧浓度为 4mg/L 时去除效果最差，微生物的代谢受到抑制，同时流化状态差，静止状态的填料比例增大，甚至造成部分区域填料团聚，污泥颗粒和填料均无法与污水混合均匀，微生物和污水中的有机物接触减少，有机物的去除效果差。DO 浓度增加到 6mg/L，COD 去除效果有所提高，反应池中滤料、污泥和污水的混合状态好，DO 浓度升高，微生物活性迅速提高。进一步增加曝气量，对有机物的去除效果反而降低，这是因为强烈的曝气导致污泥絮体的分散和填料生物膜的脱落，生物量有所减少，对反硝化反应产生抑制作用，从而使 COD 去除效果降低。

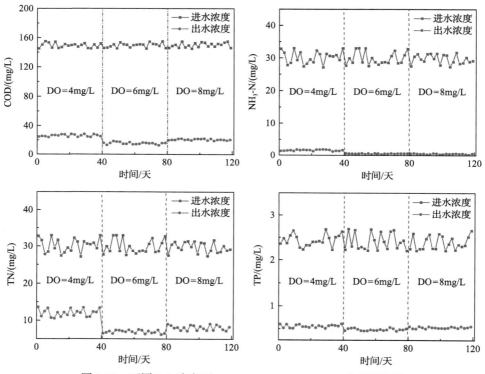

图 3.35　不同 DO 浓度下 COD、NH₃-N、TN、TP 的去除效果

氨氮（NH₃-N）的去除效果如图 3.35 所示，第一阶段的溶解氧浓度低，污水污泥混合不充分，有机物利用不充分导致氨氮的转化不完全。后续第二阶段和第三阶段随着溶解氧浓度升高，氨氮去除效果明显提升。

总氮的去除效果总体上呈现先增后减的趋势，平均出水浓度分别为 12.7mg/L、7.1mg/L、8.6mg/L。当 DO 浓度为 4mg/L 时，反硝化反应减弱，主要受到硝化反应的影响。当 DO 浓度提升至 6mg/L 时，硝化反应有所提升，反硝化反应得以高效进行，总氮去除率有所提升。当 DO 浓度提升至 8mg/L 时，会破坏原有的缺氧环境，导致反硝化强度减弱，同时由于曝气强度高导致生物膜受到损害，使载体内部没有充分的缺氧环境，抑制了反硝化作用，使得总氮去除效果降低。

总磷的去除效果如图 3.35 所示，当 DO 浓度为 4mg/L 时，由于 DO 浓度过低不利于好氧吸磷的过程，并且在静置阶段会产生严重的释磷反应，因此总磷去除效果一般。DO 浓度为 6mg/L 时总磷的去除效果最好，进入第三阶段后，由于 DO 浓度高，一定程度下载体受到冲击生物膜脱落削弱了除磷性能。综合以上分析，适合 MBMBBR 工艺的 DO 浓度应在 6～8mg/L。

（3）填料比。

填料为反应池中的微生物提供了覆膜生长的场所，提供了巨大的表面积，亲水性强，有利于微生物覆膜生长且不易脱落，因此具有较高的生物量，对各类污染物的去除起到了重要的作用。填料比是反应池中填充填料的体积与反应池容积之比，它的大小决定了填料投加量，提高填料比可增加反应池中的生物量，提高处理能力，降低污泥负荷。但填料比过大会造成漂浮填料无法均匀流化，形成死区，生物膜便无法接触到污水，微生物对污染物的摄入受到影响，处理效能因此降低，过多的填料也会造成浪费，增加处理成本。填料比过低则会直接导致生物量减少，污染物无法被全部降解，因此系统处理能力降低。本节研究当填料投加量变化时能否获得更优的水质和更高的污染物去除效能。

试验工况条件：运行周期 6h，室温下运行，DO 浓度 6～8mg/L，阶段一、阶段二、阶段三的填料比分别为 20%、30%、40%。每隔 3 天检测一次出水水质。

由图 3.36 可知，不同填料比下 COD 的去除率呈现先上升后下降的趋势，当填料比为 20%、30% 和 40% 时，出水 COD 平均浓度分别为 23.7mg/L、16.4mg/L 和 28.6mg/L，平均去除率分别为 84.2%、89.1%、80.1%。反应池中的载体填料中富集了生物膜，当填料比为 20% 时，载体流动性强；当填料比为 30% 时，流化状态理想，生物与污水充分混合，使得生物充分利用碳源，因此对 COD 去除效果明显；当填料比增加到 40% 时，部分载体产生堆叠，使生物膜与污水接触面积减小，导致碳源利用率下降。

不同填充比下，NH_3-N 的进出水浓度变化如图 3.36 所示。可知，填料比对 NH_3-N 的去除效能影响较大，总体上随填料比的增加而先不变后降低。填料比对 NH_3-N 的去除效能影响较大，由于在填料表面覆膜生长了大量硝化细菌，对 NH_3-N 的分解起到重要作用，同时填料流化对气泡的切割和碰撞作用使得氧的传递效率和对氧的利用率随填料比的增加而提高，因此在良好的流化状态下增加填料比有利于硝化反应的进行。当填料比为 20% 时，载体流化状态明显，有一定的去除效果；当填料比为 30% 时，流化状态良好，生物膜与污染物的接触充分，NH$_3$-N 去除效果进一步提升；当填料比增加到 40%，影响了流化效果，由于填料无法全部流化，甚至部分填料堆积暴露于液面以上，反而造成生物膜数量的减少，同时，部分硝化细菌无法接触到污水，从而使 NH$_3$-N 去除效果降低。

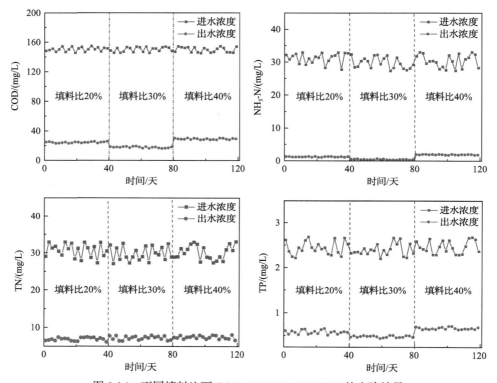

图 3.36　不同填料比下 COD、NH$_3$-N、TN、TP 的去除效果

不同填充比下，TN 的进出水浓度如图 3.36 所示。TN 的去除率随填料比的增加而降低，填料表面不是反硝化反应发生的主要场所，但反硝化反应需要利用硝化反应的产物硝酸盐，而填料比的大小决定了硝化作用的强度，当填料比为 40%时，由于硝化反应明显减弱，引起总氮去除效果降低。

分析图 3.36 可知，填料比对 TP 去除效果作用显著，填料比为 20%、30%和 40%时，出水 TP 平均浓度分别为 0.54mg/L、0.46mg/L 和 0.64mg/L，平均去除率分别为 78.4%、81.6%和 74.4%。反应池中一部分聚磷菌存在于活性污泥中，同时一部分存在于填料表面的生物膜中，当填料比为 30%时，流化状态好，在曝气期间填料表面的聚磷菌可以充分吸磷，因此对 TP 去除效果好；随着填料比增加，由于不完全流化导致曝气期聚磷菌与污水的接触减少，对磷的吸收减少；当填料比增加到 40%，在填料层形成死区，部分填料结块，不仅影响了好氧吸磷作用，在结块区域更会产生严重的释磷作用，导致 TP 的去除率明显降低。由此可见，生物膜是聚磷菌生长的重要场所之一，生物膜的存在可强化单纯活性污泥工艺的除磷效能。

3.3.2 微生物动力学模型的建立

本节对系统底物中有机物和氨氮的降解动力学进行了研究，探讨去除模拟生活污水中 COD、NH_3-N 的动力学，研究微生物与环境状态的相互关系，对降解过程进行优化和模拟。

1. 微生物动力学模型研究

从细胞水平考虑，细胞反应过程动力学模型分为结构模型和非结构模型两大类。前者认为：在细胞反应过程中，细胞内存在的若干关键组分之间及与环境之间存在着各种反应，细胞的组成和性质会随反应的进程而发生变化，细胞要用一个以上的变量来描述。后者的建立不考虑细胞内存在的各种反应，认为细胞内的组成不随其生长而变化，所有反应均在细胞与环境之间进行，细胞生长过程中的唯一变量为细胞的质量或浓度。

建立动力学模型时，应根据目的和用途选择关键性的变量。微生物的降解能力除了与其自身性能相关外，还与污染物的性质、浓度及环境因素有关。因此，污染物的生物降解过程主要研究两方面内容：一是微生物以污染物为碳源，对污染物的摄取导致的污染物的消耗即底物的降解；二是微生物细胞自身的生长。运用相应的降解动力学模型，以描述基质降解与其浓度之间的关系。

微生物细胞反应过程动力学是对细胞反应过程中速率的定量描述，底物降解速率模型是其中一种重要的定量描述方法，它在细胞水平上反映了反应过程的本征动力学特性，为细胞反应过程的优化提供了重要理论依据。建立底物降解模型可用于预测系统中微生物与环境状态的相互关系或作用趋势，还可以用于降解过程的优化和模拟。这种模型是研究污染的微生物降解领域不可缺少的重要工具。

2. 底物降解动力学模型

底物降解动力模型可用于预测污染物的去除率和所需时间。模型的选用取决于底物的类型、浓度范围及微生物种类。改良型移动床生物膜反应器（MBMBBR）物料平衡关系如图 3.37 所示。

图 3.37　MBMBBR 物料平衡关系图

Q 为污水处理量，m^3/h；S_0 为进水污染物浓度，mg/L；V 为反应器容积，m^3；S_e 为反应器中污染物浓度，mg/L；S 为出水污染物浓度，mg/L；X_0 为进水微生物浓度(MLSS，MLSS 即混合物悬浮固体浓度)，mg/L；X 为 MBMBBR 系统中微生物浓度(MLSS)，mg/L；X_e 为出水微生物浓度(MLSS)，mg/L

对于动力学研究，我们做出以下假设：

(1)反应系统处于最佳操作条件下的稳定状态。

(2)污染物进水浓度不变，且进水不含微生物，即 $X_0=0$。

(3)使反应器内的物料气、固、液三相完全混合。

(4)由于微生物附着在填料表面生长，剩余污泥量很少，一般不进行排泥，且出水的微生物浓度较小，故本实验忽略不计，即 $X_e=0$，MBBR 内微生物浓度被认为是一个常数。

本试验中 MBMBBR 是单级反应器，没有污水回流系统，由图 3.37 可得物料平衡关系为进水有机物量与出水有机物量之差，即为微生物消耗的量，表达式如下：

$$Q \times S_0 - Q \times S_e - \frac{ds}{dt} \times V = 0 \qquad (3.36)$$

式中，ds/dt 为底物瞬时降解速率。

3. 有机物降解动力学测定

在有机物降解动力模型公式中，一些系数需要通过动力学试验确定，称之为动力学系数，其中最主要的是有机物降解动力学常数(K_s)、微生物量最大相对增长速率(μ_{max})，它们是有机物降解计算公式中的重要组成部分，并通过它们把工艺运行过程中进出水浓度和微生物浓度之间的相互关系表达出来。具体试验方法如下：

令 MBMBBR 反应器稳定运行，在进水浓度 COD 为：150mg/L、NH₃-N 为30mg/L 条件下，分别在不同的水力停留时间时测定其底物出水浓度。每次调整后，要等待系统稳定后再进行底物出水浓度的测定。同时，从反应器中取出若干填料(由于反应器中游离污泥相对很小，忽略不计)，测定填料上污泥量，根据反应器容积和填料填充率折算出反应器内的污泥浓度 X。

1)有机物降解动力学常数测定

在进水浓度条件下，监测系统的出水浓度 COD 为 150mg/L 条件下，监测 MBMBBR 系统出水 COD 浓度，记录出水浓度变化，取不同条件下出水浓度均值，具体数据如表 3.20 所示。

表 3.20　有机物降解动力学常数测定试验数据

参数	HRT			
	0.5 天	0.33 天	0.25 天	0.166 天
进水 COD 浓度/(mg/L)	150			
出水 COD 浓度/(mg/L)	12.75	16.83	18.49	88.74
污泥浓度 x/(mg/L)	1480			

根据式(3.37)：

$$\frac{1}{\mu} = \frac{X_t}{S_0 - S_{COD}}$$ (3.37)

取不同 HRT 可得不同 S_{COD} 值(出水 COD 浓度)，根据 t、S_{COD}、X，可得 $1/\mu$–$1/S_{COD}$ 的关系图，图中直线斜率为 K_s/μ_{max}，y 轴上的截距为 $1/\mu_{max}$，由此可解得 K_s 和 μ_{max}。

有机物降解动力学常数如表 3.21 所示。

表 3.21　有机物降解动力学常数计算表

HRT/天	S_0/(mg/L)	S/(mg/L)	去除率/%	X	$1/S$/(mg/L)$^{-1}$	$1/\mu$/d^{-1}
0.5		12.75	91.5		0.078	5.39
0.33	150	16.83	88.78	1480	0.059	3.66
0.25		18.49	87.67		0.054	2.81
0.166		48.74	67.51		0.021	2.42

根据表 3.21 得到有机物降解动力学线性关系，如图 3.38 所示，得到线性关系式：$Y=48.683X+0.989$，相关系数 $R^2=0.912$。

2)NH₃-N 降解动力学常数测定

在进水浓度 NH₃-N 为 30mg/L，COD∶N∶P=100∶5∶1 的条件下，测试不同条件下系统的出水浓度，每次测试要在调节后达到系统稳定后开始进行，取均值数据如表 3.22 所示。

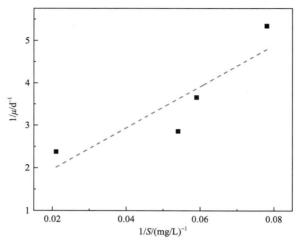

图 3.38　有机物降解动力学的测定

表 3.22　NH₃-N 降解动力学常数测定试验数据

参数	HRT			
	0.5 天	0.33 天	0.25 天	0.166 天
进水 NH₃-N 浓度/(mg/L)	30			
出水 NH₃-N 浓度/(mg/L)	1.26	3.62	5.73	12.41
污泥浓度 x/(mg/L)	1480			

根据式(3.38)：

$$\frac{1}{\mu} = \frac{X_t}{S_0 - S_{\mathrm{NH_3\text{-}N}}} \tag{3.38}$$

取不同 HRT 可得不同 $S_{\mathrm{NH_3\text{-}N}}$ 值（出水 NH₃-N 浓度），根据 t、$S_{\mathrm{NH_3\text{-}N}}$、$X$，可得 $1/\mu - 1/S_{\mathrm{NH_3\text{-}N}}$ 关系图，图中直线斜率为 $K_s/\mu_{\max}$，y 轴上的截距为 $1/\mu_{\max}$，由此可解得 K_s 和 $\mu_{\max}$。

NH₃-N 降解动力学常数见表 3.23。

表 3.23　NH₃-N 降解动力学常数计算表

HRT/天	S_0/(mg/L)	S/(mg/L)	去除率/%	X	$1/S$/(mg/L)$^{-1}$	$1/\mu$/d^{-1}
0.5		1.26	95.80		0.794	25.75
0.33	30	3.62	87.93	1480	0.276	18.51
0.25		5.73	80.90		0.175	15.25
0.166		12.41	58.63		0.081	14.30

根据表 3.23 得到有机物降解动力学线性关系，如图 3.39 所示，得到线性关系式：$Y=14.15X+13.099$，相关系数 $R^2=0.982$。

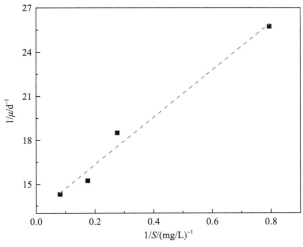

图 3.39　$NH_3\text{-}N$ 降解动力学的测定

根据公式：

$$\frac{1}{\mu} = \frac{K_s}{\mu_{max}}\frac{1}{S} + \frac{1}{\mu_{max}} \qquad (3.39)$$

求得有机物降解动力学系数和 $NH_3\text{-}N$ 降解动力学系数，结果如表 3.24 所示。

表 3.24　MBMBBR 系统的动力学常数

动力学系数	单位	COD	$NH_3\text{-}N$
μ_{max}	d^{-1}	1.011	0.072
K_s	mg/L	49.220	1.019

通过数据分析获取了线性拟合的方程式。在有机物降解动力学中，相关系数 R^2 为 0.912；在 $NH_3\text{-}N$ 降解动力学中，相关系数 R^2 为 0.982，尽管存在一定误差，然而总体相关性良好。将实验所测的 MBMBBR 系统动力学常数与活性污泥法动力学常数进行对比可以发现，MBMBBR 系统在底物降解方面具备一定优势。

3.3.3　基于 ASM3 的 MBMBBR 工艺模型构建和优化

利用 ASM3 模型构建 MBMBBR 工艺模型,对生活污水处理工艺进行概化,对各处理单元运行参数(如溶解氧、温度等)进行相应设定,初步建立生活污水处理水质模型。随后,根据试验进水水质数据,采用常规灵敏度分析法,调节灵敏度较强的参数,对模型进行校准,并采用近期实测数据对校准后的模型进行二次验证。

1. 模型的建立

采用 BioWin 对整体工艺流程进行建模。BioWin 软件是一款由加拿大 EnviroSim 公司研发的典型污水处理全流程模拟软件,其核心以 ASM3(活性污泥模型 3 号模型)为核心。除了 ASM3 模型,BioWin 还集成了如 pH 平衡、气体转移和化学沉淀等模型。BioWin 软件使得模拟污水处理过程中能够综合考虑所有的物理、化学和生物工艺,并将它们集成到一个综合模型中。该软件可以追踪污水处理中各主要模型组分或状态变量在不同单元工艺中的变化,全面描述污水处理过程。具体来讲,BioWin 软件可模拟污水处理过程中 50 种组分及作用于这些组分的 80 个物理、化学和生物反应过程,能够适用于复杂的污水处理系统。

1)MBMBBR 工艺模型概化

(1)模拟内容。

本次 BioWin 建模工作包括 MBBR 生物池、MBR 生物池,对反应器(处理水量为 48L/d)进行建模。

(2)MBMBBR 生物池模型概化。

MBMBBR 为生物处理的主体构筑物,如图 3.40 所示:运行模式为序批式,箭头代表水流方向,进水依次通过 MBBR、MBR、最终出水。

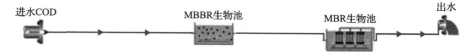

图 3.40　MBMBBR 生物池分区

2)单元模块参数

(1)进水单元。

进水输入的参数包括进水数据和污水组分。具体参数包括进水量、进水 COD、TN、TP、pH、氨氮等。这些参数可以根据前期工作整理的进水历史数据来确定。初步模拟时,暂按 BioWin 默认值确定。

（2）MBMBBR 单元。

MBMBBR 总有效体积 8L。

3）进水组分参数

活性污泥模型（进水）组分包括 COD 组分、含 N 组分以及含 P 组分三大类。

（1）进水 COD 组分，如图 3.41 所示。

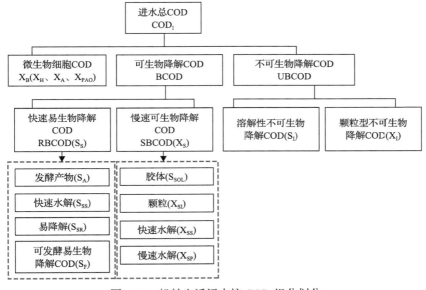

图 3.41 船舶生活污水按 COD 组分划分

物理化学特征主要为废水组分的特征粒径被定义为：溶解性：＜1nm，胶体：1nm～1μm，颗粒性：＞1μm。生物学特征主要指有机物降解速率的快慢。

进水总 COD 首先被区分为微生物细胞 COD 和有机质 COD。微生物细胞包括自养菌（X_A）、异养菌（X_H）和聚磷菌（X_{PAO}），这些组分在常规废水中含量很少并经常被忽略。对于有机基质 COD，首先依据其生物可降解性划分为可生物降解 COD（BCOD）和不可生物降解 COD（UBCOD），可生物降解 COD 又可分为快速易生物降解 COD（S_S）和慢速降解 COD（X_S）。不可生物降解 COD 组分代表那些没有反应或反应非常慢以致其降解在污水处理系统中可忽略的物质，这部分物质依据其粒径被进一步划分为溶解性不可降解 COD（S_I）和颗粒性不可降解 COD（X_I）。

S_I：在 ASM3 中，S_I 被认为在活性污泥系统中不发生变化，直接排出系统。

X_I：来源于进水或微生物衰减，能够被污泥捕集而通过剩余污泥排放来去除。

X_S：从物理学角度看，X_S 可能由细小颗粒物、胶体物质和溶解性复杂有机大分子组成。对于工业废水，一般三者都有；而对于生活污水，X_S 主要由前两者组成。由于胶体物质能够被活性污泥很快吸附而从液相中去除，其归宿必定与颗粒物相联系，因此模拟生物反应器可以把所有的胶体和颗粒性可降解 COD 归为 X_S。这类物质在被细胞吸收之前必须进行胞外水解。

S_S：被假定为由相对较小的分子组成[如挥发性脂肪酸（VFA）和低分子量的碳水化合物]，很容易进入细胞内部并引起电子受体（O_2 或 NO_3^-）被利用的快速响应。为了模拟生物除磷过程，S_S 又被划分为发酵产物（S_A）和可发酵的易生物降解有机物（S_F）。S_F 可由异养菌直接降解。

S_A：在 ASM3 中，对所有化学计量学计算，假定 S_A 是乙酸，但事实上还包括其他发酵产物。在废水处理领域，短链脂肪酸（SCVFA）和 VFA 具有相同的含义，一般指碳原子数≤6 的脂肪酸，甲酸不支持强化生物除磷，己酸可忽略，因此，SCVFA 主要是 2～5 个碳原子的脂肪酸。

（2）含 N 组分划分及测量，如图 3.42 所示。

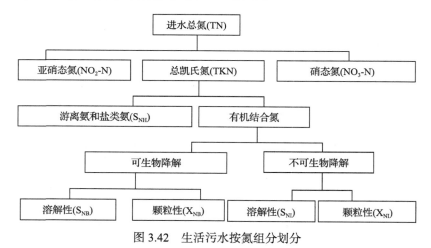

图 3.42　生活污水按氮组分划分

在 ASM3 中，进水总氮首先被区分为总凯氏氮、硝态氮和亚硝态氮。硝态氮和亚硝态氮在常规废水中含量较少，经常被忽略。对于总凯氏氮，首先依据其是否为有机结合物划分为游离氨和盐类氨以及有机结合氮，有机结合氮又可分为可生物降解和不可生物降解。可生物降解有机氮和不可生物降解有机氮根据其粒径被进一步划分为溶解性可生物降解（S_{NB}）、颗粒性可生物降解（X_{NB}）、溶解性不可生物降解(S_{NI})和颗粒性不可生物降解(X_{NI})。

(3)含 P 组分划分及测量,如图 3.43 所示。

在 ASM3 中,进水总磷首先被区分为正磷酸盐和有机结合磷。对于有机结合磷,首先依据其可生化性划分为可生物降解有机磷和不可生物降解有机磷,两者根据其粒径被进一步划分为溶解性可生物降解(S_{PB})、颗粒性可生物降解(X_{PB})、溶解性不可生物降解(S_{PI})和颗粒性不可生物降解(X_{PI})。

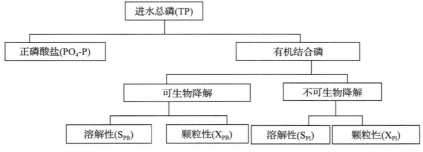

图 3.43 生活污水按磷组分划分

4)工艺运行参数

模型中运行参数设定由前期调研确定,主要包括 HRT、溶解氧、水温、填料比。

2. MBMBBR 工艺初步模拟

1)初步稳态模拟单元模块参数设置

(1)进水单元模块。

模型最初以默认值或测量的参数值运行,对比模拟数据与测量数据后,根据需要调整参数值。初步模拟以船舶生活污水水质为标准。输入模型的进水水质参数如表 3.25 所示。

表 3.25 初步模拟进水水质参数

名称	单位	值
COD	mg/L	150
总凯氏氮(TKN)	mg/L	30
总磷	mg/L	2.5
硝酸盐氮	mg/L	0
pH	—	7.3

名称	单位	值
碱度	mmol/L	6.5
进水中无机悬浮颗粒	mg/L	40
钙	mg/L	50
镁	mg/L	15
溶解氧	mg/L	0

（2）水温。

按当日曝气池内水温测定值 25℃进行模拟。

（3）溶解氧。

以曝气池实际测量结果结合曝气池在线 DO 测定结果为参考，池内 DO 含量为 6mg/L。

（4）填料比。

根据 MBMBBR 有效体积确定填料比为 20%。

2）初步稳态模拟模型参数选择

初步模拟中，进水组分采用以上确定的设定值，模型中各化学计量及动力学参数均采用默认值。

3）初步稳态模拟结果

利用上述污水组分、污水进水水质参数及运行工艺参数，输入建立好的工艺模型。在模型其他参数默认条件下，进行初步模拟，其出水的模拟值与当天的实测平均值的差距如表 3.26 所示。

表 3.26　初步稳态模拟结果

指标	模拟值/(mg/L)	实测值/(mg/L)	相对误差/%
出水 COD 浓度	12.23	14.35	−14.80
出水氨氮浓度	4.70	5.32	−11.65
出水 TP 浓度	1.09	1.42	−23.20
出水 TN 浓度	9.12	9.45	−3.49
出水 SS 浓度	3.0	3.51	−14.50
出水 BOD$_5$ 浓度	4.61	4.13	11.60

注：SS 表示悬浮固体。

4) 模型敏感性分析

活性污泥动力学中许多参数均对结果有影响，BioWin 中化学计量参数有99 个，动力学参数有 111 个，研究采用灵敏性分析法寻找对模拟结果影响较大的参数。灵敏度分析法 $(S_{i,j})$ 的定义如下式所示：

$$S_{i,j} = \left| \frac{\Delta y_j / y_j}{\Delta x_i / x_i} \right| \tag{3.40}$$

式中，y 为模型输出值；x 为模型参数。

常规灵敏度分析法 $(S_{i,j})$ 的灵敏度判定原则如下所示：

(1) $S_{i,j} < 0.25$，对模型输出结果没有显著影响的参数。

(2) $0.25 \leqslant S_{i,j} < 1$，对模型输出结果有影响的参数。

(3) $1 \leqslant S_{i,j} < 2$，对模型输出结果有较大影响的参数。

(4) $S_{i,j} \geqslant 2$，对模型输出结果影响非常大的参数。

当水温为 25℃时，分别对模型中的动力学参数和化学计量参数进行灵敏度分析，找出对模型输出结果有较大影响的参数。基于模拟误差分析的结果，结合灵敏度分析确定对预测结果影响较大的参数，确定调整的参数如表 3.27所示。

表 3.27 拟调整参数表

参数			主要影响参数	$S_{i,j}$	灵敏度
动力学参数	氨氧化菌 (AOB)	耗氧衰减速率	NH_3-N	0.952	对模型输出结果有影响
	普通异养菌 (OHO)	耗氧衰减速率	TP	0.455	对模型输出结果有影响
化学计量参数	普通异养菌 (OHO)	反硝化 N_2 的产生	TN	0.34	对模型输出结果有影响
		产率系数 (好氧)	TP	−2.73	对模型输出结果影响较大
		产率系数 (缺氧)	TN	1.34	对模型输出结果有影响
曝气参数		供氧率	TN	2.99	对模型输出结果影响较大
		表面湍流系数	TP	1.58	对模型输出结果有影响

5) 模型校准

校准是通过模型参数调整，达到模型预测与选定的实际反应器的性能数据相匹配。校准的目标是使实际数据和模型预测之间的误差最小化，但并不是完全符合。因为模型是反应器的简化表示，并且忽略了现实世界中发生的一些输入和输出过程。过度拟合虽然可能减少一个特定数据集的总误差，但可能会降低模型的预测能力，并可能增加其他数据集的模型误差。这就意味着校准过程需要寻求一种平衡，既要尽可能贴近实际测量数据，又要保持模型的整体预测性能。

校准（和验证）期间达到的拟合可以指示在特定情况下模型的预期精度。在稳态情况下（假设数据质量很好），这些变量的整体误差应该在5%到20%之间；而在动态运行期间，误差在10%到40%也是正常的，即使是完善的模型也会出现模拟结果偏离实测值的情况。在典型情况下，次要变量可能会有所不同，而不会影响模型真实预测一般过程性能的能力。

基于模型参数灵敏度分析的结果和MBMBBR工艺运行以来历史数据中的统计特征值，对BioWin模型进行参数调整，直至模拟值能达到较高准确度。

经过参数调整后，对稳态条件下的污水处理工艺进行稳态模拟与当天实测平均值的差距进行计算，结果如表3.28和图3.44所示。

表3.28 调参后出水水质模拟结果

指标	模拟值/(mg/L)	实测值/(mg/L)	相对误差/%
出水 COD 浓度	14.17	13.75	3.05
出水氨氮浓度	4.72	5.16	−8.52
出水 TP 浓度	1.02	1.10	−7.27
出水 TN 浓度	9.23	8.97	2.90
出水 SS 浓度	3.11	3.36	−7.44
出水 BOD$_5$ 浓度	3.94	3.68	7.07

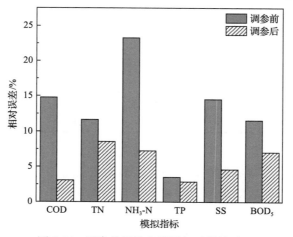

图3.44 调参前后稳态模拟相对误差对比

6) 调参前后动态模拟对比

反应器在 120 天内的实际运行数据，测定结果如图 3.45 所示。

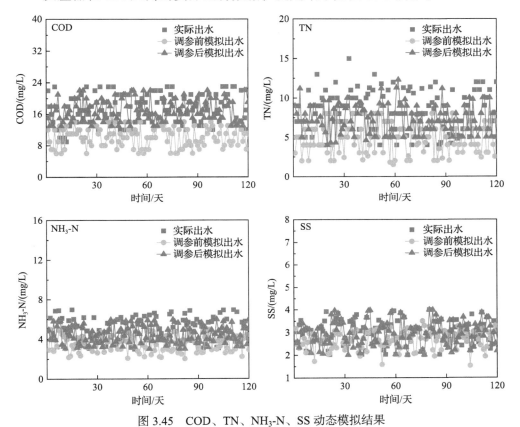

图 3.45   COD、TN、NH₃-N、SS 动态模拟结果

采用纳什效率系数来表征模型质量，纳什效率系数计算公式如下：

$$E = 1 - \frac{\sum\limits_{t=1}^{T}\left(Q_{\mathrm{o}}^{t} - Q_{\mathrm{m}}^{t}\right)^2}{\sum\limits_{t=1}^{T}\left(Q_{\mathrm{o}}^{t} - \overline{Q}_{\mathrm{o}}\right)^2} \tag{3.41}$$

式中，Q_{o} 为观测值；Q_{m} 为模拟值；Q^t 表示第 t 时刻的观测值或模拟值；$\overline{Q}_{\mathrm{o}}$ 表示观测值的总平均值。

纳什效率系数越接近 1，说明模型准确度越高。当纳什效率系数大于−10时可以认为模型具有较高的准确度。

计算调参后动态模拟的纳什效率系数与相对平均偏差,结果如表 3.29 所示。

表 3.29　纳什效率系数与均值计算表

项目	COD	氨氮	总氮	总磷	SS
调参前纳什效率系数	2×10^{-6}	6.4×10^{-5}	4.2×10^{-8}	1.2×10^{-6}	0.49
调参后纳什效率系数	0.07	2.9×10^{-8}	9.6×10^{-5}	8.7×10^{-4}	0.06
调参前相对平均偏差	20.00%	18.91%	32.39%	39.71%	10.84%
调参后相对平均偏差	14.22%	17.78%	20.90%	19.22%	14.12%
调参前均值	10.300	3.477	4.613	0.625	2.590
调参后均值	16.633	4.344	7.447	1.114	2.975
实测均值	16.067	5.000	8.067	1.168	2.976

表 3.29 数据表明,调整参数后,COD、氨氮、总氮和 SS 的模拟准确度提高,调参后的相对平均偏差均小于 10%,纳什效率系数均大于–10,模拟均值与实测接近,说明模型可信度高,可以用于对该工艺污水处理效果的预测。

3.3.4　机理与数据驱动模型融合的智能控制系统框架

污水处理过程具有确定性-随机性特征,即污水处理体系参数及其关系随时空尺度演变的对立矛盾关系,如图 3.46 所示。MBMBBR 微元反应单元在瞬态时间点上具有高度确定性,而随着时空尺度放大,随机性增强。此处的空间包含反应器尺寸维度,以及污泥或微生物过程在空间上相互耦合的复杂程度,

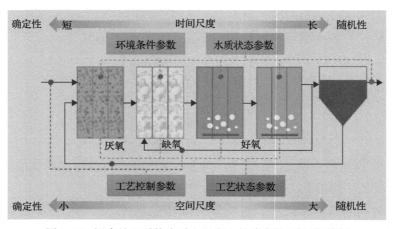

图 3.46　污水处理系统在时空尺度上的确定性-随机性特征

其中尺寸维度关系到机理模型是否准确，耦合复杂度则关系到模型复杂度及是否易求解。

污水处理工艺体系的参数可划分为 4 类：

(1)工艺控制参数，包括进水周期、曝气量、水力停留时间、载体填充量等。

(2)工艺状态参数，包括污泥浓度、氧化还原电位、呼吸速率以及机理模型描述的微生物过程速率常数等。

(3)环境条件参数，包括温度、船体晃荡角度、船舶启停等。

(4)水质状态参数，包括 pH、COD、BOD_5、NH_3-N、NO_3^--N、NO_2^--N、TN、TP、DO 浓度、色度、浊度等。

工艺控制参数是控制污水处理工艺运行的关键，其准确获取依赖于工艺状态参数的确定性-随机性特征。在 MBMBBR 工艺中，硝化、反硝化、除磷、除碳等微生物过程共用一个污泥系统，各过程的污泥停留时间和水力停留时间相互关联，改变一个控制参数可能会同时影响多个过程，难以定向控制每个过程。环境条件参数和进水水质状态参数具有时间尺度的确定性-随机性特征。

复杂系统的输入-输出关系可视为无数微元时-空确定性状态的集合，每个微元空间的确定性关系可通过机理模型描述。而在宏观时空尺度上，集合元素及其相互关系则具有随机不确定性，可采用数据驱动模型描述。本节采用 ASM3 机理模型，针对目标对象运动过程，利用物质、能量、动量基本守恒关系以及外部边界条件，建立起描述目标过程的数学方程。

为使机理模型在污水处理过程中发挥控制作用，需遵循"1 个特征"和"1 个要求"，即在确定性维度内使用，使模型简化，将污水处理过程划分为若干确定性较强的最小独立单元。基于机理模型的控制系统依赖于数据初值和模型参数设定，可在机理认知基础上寻找最优调控方案，但无法满足自我演化和环境自适应的智能化要求。基于数据驱动模型的控制系统则依赖于经验数据样本，具有记忆、学习和自适应能力，但直接应用于污水处理复杂体系时，模型参数复杂，难以获得全局最优调控方案，也无法实现工艺过程的精确调控。因此，机理与数据驱动模型在控制系统中具有互补优势，构建两者融合应用的污水处理智能控制系统模型框架，是实现 MBMBBR 污水处理工艺与监测设备联动运行的关键。

结合污水处理过程的确定性-随机性特征，提出机理与数据驱动模型融合的污水处理系统控制思路。每个控制单元都拥有各自的运行机制，可通过机理模型加以描述。机理模型既实现对输入信号响应，也规定了控制方案总体空间。数据驱动模型则发挥大脑功能，对机理模型产生的参数数据进行学习，获取机理模型最优化问题求解的知识，为最优化问题求解的目标函数、决策变量及边界条件等提供决策，从而达到环境自适应目的。

如图 3.47 所示，本节构建出一种机理与数据驱动模型融合的 4 层控制系统架构思路。

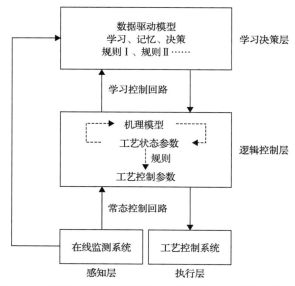

图 3.47　机理与数据驱动模型融合的 4 层控制系统架构思路

该系统架构包含 4 层逻辑结构，如图 3.48 所示，分别为感知层、执行层、逻辑控制层和学习决策层，可用于一个最小独立单元，详述如下：

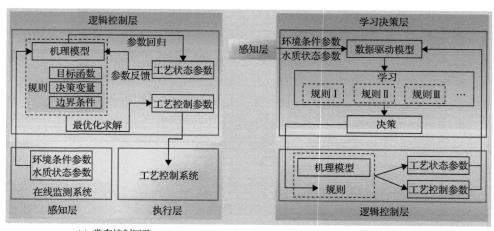

(a) 常态控制回路　　　　　　　　　　　　(b) 学习控制回路

图 3.48　常态控制回路和学习控制回路工作路径

（1）感知层：通过在线监测系统，采集环境条件参数以及工艺进水和过程的水质状态参数。

（2）执行层：通过相关控制设备及其自动控制系统，自动执行逻辑控制层下发的工艺控制参数调控命令。

（3）逻辑控制层：通过机理模型描述控制对象的行为逻辑，实现两个功能。一是对感知层输入数据进行响应，实时更新模型的工艺状态参数；二是在一定规则下求解机理模型的最优化问题，输出工艺控制参数。

（4）学习决策层：对感知层和逻辑控制层产生的数据进行学习，以规则的形式加以记忆和存储，可通过学习不断修正规则、或建立新的规则，并反馈/调整逻辑控制层规则。学习决策层可以包含多个数据驱动模型算法，实现多种学习和决策目标。

本节 MBMBBR 可划分为具有不同功能的独立单元，包括硝化、反硝化、厌氧等反应器的组合，则采用如图 3.49 所示的分布式学习层拓扑结构：每个独立单元不仅拥有独立的逻辑控制层，还具有独立的学习决策层。

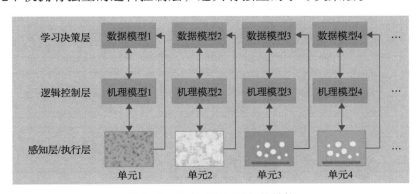

图 3.49 分布式学习层拓扑结构

3.4 本 章 小 结

本章解析了不同反应条件下港口煤/矿石污水混凝处理过程水质变化规律，构建了"前馈—模型—反馈"加药控制理论。基于这一理论，创新研发了基于极致梯度提升决策的智能加药控制算法，实现了港口煤/矿石污水加药量智能自适应调控。构建了复合高分子絮凝沉淀—内电解/电芬顿耦合的港口含油污水预处理技术及关键运行参数体系，基于高通量分子生物学手段揭示了微生物群落结构响应机理，筛选并研发了港口含油污水高效降解微生物制剂，实现了港口含油污水处理站的高效稳定运行。建立了可有效表达港口生活污水生化处理过程状态变量计量关系和动力学特征的量化模型，构建了基于 ASM3 的生活污水 MBMBBR 工艺模型及数据驱动模型融合的智能控制系统框架，基于动态差值解析，实现了冲击负荷的快速响应与运行参数的智能精准调节。

4 散货港口雨污水收集—处理—回用全过程智能监测控制及优化调度技术

4.1 站网一体化智能监测控制技术

本章构建了覆盖港口污水处理工艺全过程的水质水量在线监测和供水管网水压水量在线监测网络,建立了港区供水管网分级拓扑关系模型,开发了基于最小二乘支持向量机(LSSVM)分区管网流量预测的港区供水管网智能监测控制算法。

4.1.1 雨污水动态监测体系

基于特定监测目标的识别建立多源异构数据融合的动态监测体系,是实现港口可回用水资源监测的有效途径,港口雨污水资源化利用监测体系主要包括以下5个方面。

1. 监测对象及监测设备选型

港口含煤雨污水、含油雨污水、生活污水、压舱水等是港口可回用雨污水的主要类型和来源。我国是一个水资源相对贫乏、时空分布又极不均匀的国家。水资源年内年际变化大,降水及径流的年内分配集中在夏季的几个月中。雨水收集利用是指通过汇总管对雨水进行收集,通过雨水净化装置对含煤雨污水、含油雨污水进行净化处理,达到符合使用要求。通过雨水截污与渗透系统,港区雨水通过下水道排入沿途大型蓄水池或通过渗透补充地下水。

船舶压舱水是指为控制船舶横倾、纵倾、吃水、稳性或应力而加装到船上的水及悬浮物质。通过将压舱水注入压舱水舱或自压舱水舱排出,达到船舶在航行、进出港、装卸和停泊等不同工况时保持恰当的排水量、吃水、船体纵向和横向平衡,以便维持适当的稳心高度,减小船体过大的弯曲力矩和剪切力以减轻船体的振动。通过回收压舱水进行再次利用,改变常规船舶直接将压舱水排放入海造成浪费的状况。单艘航次能回收约万吨水资源,经沉淀后,可用于煤炭冷却除尘、冲洗码头、植物灌溉等。通过监测港口多泊位压舱水上岸流量等,统筹考虑不同船型压舱水提升系统的额定工况及港口地形地势特征,对压舱水上岸量和储存量进行监管。

生活污水再利用是以港区污水处理厂的放流水为水源，经处理后由再生水配水系统供给区域内用户使用或供其他用途。一般的生活污水大都已纳入污水下水道系统，设置水再生设施可将港区污水处理厂的放流水或污水下水道系统的污水，收集并处理至符合再生水的水质标准，再经由配水系统供给港口降尘、浇灌及冲厕等其他用途使用。生活污水再利用的关键是对水质的监测，以保证生活污水的达标使用。

根据港口雨污水种类和特点，确定监测系统最优组合，即流量计、水位计、雨量计、水质监测仪、时空要素。

2. 监测数据采集及预处理

监测数据采集及预处理是本书的基础工作，包括开展流量计、水位计、雨量计、水质监测仪等类型监测器的本体提取及重构模型，以此进行数据的采集、预处理，并进一步开展监测数据集成方法研究，建立港口雨污水监测模型。

3. 港口雨污水监测流量模型

由于流量计是本书采用的关键监测设备，因而建立港口雨污水监测流量模型是重要的工作。建立港口雨污水流量监测模型，首先应开展流量特征记录，其次在各流量学特征记录基础上建立监测模型，二者相辅相成、不可或缺。

4. 港口雨污水监测流量复合模型

流量是最重要的监测手段，但其精度有限，因而水位计作为一种重要的复核验证技术也起到十分重要作用。水位计与流量计根据其性能特点建立基于水源储量的数据关联，是二者数据融合的主要途径。

5. 基于时空域的港口雨污水监测模型

水位计与流量计复核监测模型的建立，可以较为准确地对监测范围内港口雨污水进行分析判别，但港口雨污水来源范围广，监测系统识别范围很难做到全面覆盖，对港口含煤雨污水、含油雨污水、生活污水等各类雨污水进行多元信息综合判别，建立基于时空域的监测模型。

4.1.2　雨污水收集处理监测点位布设方案

雨污水作为散货港口主要的污水来源，需要对雨污水收集、处理和回用的各个环节进行管理。现有水资源监测中，以整个港区作为一个整体，设置统一的污水回收站、处理站，并未考虑水资源收集利用分区的概念，由此导致难以掌握各区域的雨污水收集情况、水污染治理情况、中水回用情况，不便于港口水资源与水环境的精细化管理。

根据前期散货港口调研结果，港口雨污水处理及中水回用是分区开展的。例如，A 堆场产生的污水进入 A 堆场污水站，处理后的中水存储于 A 堆场储水池，回用时再由该储水池的中水输送至堆场用水设施。现实中可能多个堆场对应 1 个污水站或 1 个堆场对应多个污水站。而港口目前的水环境监测设备布置较为随意，并未考虑水资源收集利用分区的概念，由此导致监测数据混乱，难以掌握各区域的雨污水收集情况、水污染治理情况、中水回用情况，不便于港口水资源与水环境的精细化管理。

针对上述问题，本章根据雨污水收集、处理、回用的空间分布特点，将港口中独立的雨污水收集、处理、回用区域划分为单独的水资源循环利用区。在水资源循环利用区下，分别对区域内雨污水收集点、雨污水处理点、中水储存点、达标雨污水排放点进行监测，形成涵盖港口非传统水资源收集、处理、利用全过程的分区监测网络，为港口水资源分区管理、跨区调度提供实时基础数据，提高港口非传统水资源利用率。

污水处理分区监测系统包括污水处理站监测系统、雨污水排污口监测系统、储水设施监测设备系统，用于获取水资源分区监测区域内的水环境质量监测数据，分区监测系统安装于所述待监测港区内的独立的水资源循环利用区，在所述水资源循环利用区中，分别对区域内雨污水收集点、雨污水处理点、中水储存点、达标雨污水排放点进行监测，上述水资源循环利用区内的监测点包括污水处理站监测设备、雨污水排污口监测设备、储水设施监测设备。

1. 污水处理站监测点位设计

污水处理站监测设备包括流量计、液位计、水质监测设备，在污水收集池与清水池的进水口安装水质监测设备，每个所述水质监测设备处配备一台自动采样设备，所述自动采样设备采用如下算法运行：

当 $L_j \leqslant 1\text{m}^3/\text{h}$ 时，$T_j=2$；当 $1\text{m}^3/\text{h}<L_j\leqslant 2\text{m}^3/\text{h}$ 时，$T_j=-L_j+3$；当 $L_j>2\text{m}^3/\text{h}$ 时，$T_j=1$。其中，L_j 为污水收集池与清水池的进水口的进水流量；T_j 为污水收集池与清水池的进水口的自动采样设备的采样周期。

2. 雨污水排污口监测点位设计

雨污水排污口监测设备包括流量计、水质监测设备，在雨污水排放明渠处安装水质监测设备，每个所述水质监测设备处配备一台自动采样设备，所述自动采样设备采用如下算法运行：当 $L_M \leqslant 3m^3/h$ 时，$T_M=2$；当 $3m^3/h < L_M \leqslant 5m^3/h$ 时，$T_M= -0.5L_M +3.5$；当 $L_M > 5m^3/h$ 时，$T_M=1$。其中，L_M 为明渠流量；T_M 为明渠处的自动采样设备的采样周期。

3. 储水设施监测点位设计

在每个储水设施设置监测设备，主要包括液位计、水质监测设备。液位计采用超声波液位计。污水处理站水质水量监测点位布置方案如图 4.1 所示。水质监测设备包括 pH、浊度、TDS、COD、氨氮共 5 台监测设备，配备 1 台自动采样设备，采样及监测设备采用连续运行方式，每 2h 采样检测 1 次。数据传输方式同污水处理站监测设备。

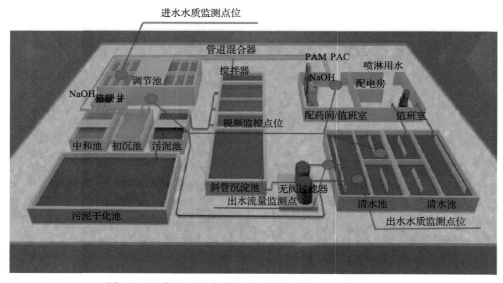

图 4.1　污水处理站水质水量监测点位布置方案(格栅井)

4.1.3　雨污水回用供水管网监测及漏损控制技术

根据地形环境和管网拓扑结构、用水点等因素对港区供水管网进行了分区，研发了基于 LSSVM 分区管网流量预测模型的港区供水管网漏损控制及动态调控技术。

1. 港区供水管网分区

将管网根据地形环境和管网拓扑结构、用水点等因素将整个管网分成若干个独立的子区域，对单个子区域进行压力和水量在线监测，本节以南方某内河铁矿石码头为例，建立了给水和中水管网分区拓扑结构如图 4.2 所示。

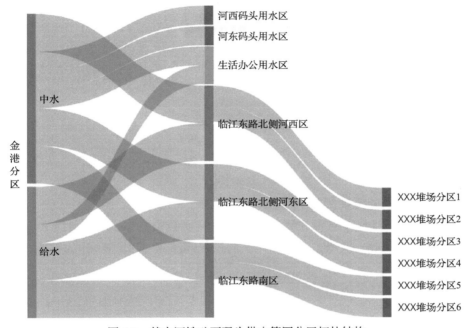

图 4.2　某内河铁矿石码头供水管网分区拓扑结构

给水管网分为四个区：生活办公用水区、临江东路北侧河西区、临江东路北侧河东区、临江东路南区。每个区都有一个市政进水点；河西区与生活办公区之间有一处备用连通管，河西区与河东区之间有一处备用连通管，正常运行时连通管处于关闭状态，每一处连通管都设置双向计量点。

中水管网设计两级分区，一级分区设计为五个分区：临江东路北侧河西区、临江东路北侧河东区、临江东路南区、河西码头用水区、河东码头用水区等。临江东路北侧河西区有一路 DN300 进水管，临江东路北侧河东区有金港 1#、4#污水处理站供水，临江东路南侧由金港 3#污水处理站供水；每个一级分区都有连通管相互连通。二级分区是每个堆场都设计成一个独立的计量分区。

2. 流量预测模型建立

建立时序预测模型须找到时间变化与数据的内在关系。以时间序列实测值 $(X_n)M_n=1$ 为基础搭建时间序列训练样本集 $S=\{(x_i, y_i)\}M_n=1$，并利用该样本集训练 LSSVM 算法，找到时序预测的非线性映射函数关系 $T(x)$，便可对 $(X_n)M_n{=}1$ 之外的时间序列数据进行预测[96]。即

$$x_n = T\left(x_{n-1}, x_{n-2}, \cdots, x_{n-k}\right), \quad n = k+1, k+2, \cdots, M \tag{4.1}$$

式中，k 为嵌入维数。

为提高 LSSVM 预测回归性能，进行如下高斯核函数（RBF）以及超参数优化：

$$K\left(x_i, x_j\right) = \exp\left(-\frac{\left\|x_i - x_j\right\|^2}{2\delta^2}\right) \tag{4.2}$$

式中，δ 为函数的宽度参数。

超参数包括 LSSVM 的正则化参数 c 和核函数中的参数 δ。利用 PSO 寻优算法不断迭代更新，找出 LSSVM 算法的最优超参组合 (c, δ) 作为预测模型参数，优化目标为

$$\min E = \min \sqrt{\frac{1}{n}\sum_{k=1}^{n}\left(y_k - \hat{y}_k\right)^2} \tag{4.3}$$

式中，E 为实际值与预测值之间的均方根误差；n 为用于优化的样本数；y_k、$\hat{y}_k$ 分别为实际值、预测值。预测模型具体流程如图 4.3 所示。

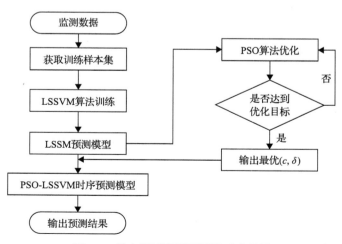

图 4.3　供水管网流量预测模型流程图

3. 预测模型评估

以临江东路北侧河西区入口实测流量数据为例。为测试模型的小样本预测能力，使用该区连续 7 天历史数据评估模型。前 6 天数据用来训练模型，第 7 天数据用来测试模型。数据样本采样频率为 10min，即每天有 144 个监测数据，利用 Matlab 软件中 Wden 函数对流量数据进行小波变换处理，采用小波阈值法降噪，阈值设为启发式估计规则，可通过不同的噪声实时调整阈值。考虑到用于漏损检测的流量数据的实际需求，将每小时内的流量监测值做累计处理后作为各整点时刻的流量值，从而放大管网漏损信号。采用 Matlab 建立预测模型，得到第 7 天整点流量预测结果如图 4.4 所示。在该算例中，利用 PSO-LSSVM 时序预测模型进行小样本预测的平均预测误差百分比在 1%以内，具有较好的精度。

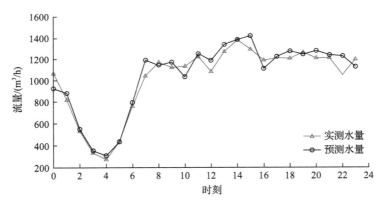

图 4.4 供水管网流量预测模型精度验证

4. 管网漏损分析

当利用预测模型预测管网分区流量时，流量实际监测值和预测值之间关系为

$$y_k = \hat{y}_k + e_k \tag{4.4}$$

式中，$k = 1, 2, \cdots, n$ 为预测值样本在时间 T 内的离散时刻，T 可取 12h、24h 等，由预测模型输出样本的序列时长决定；e_k 为 k 时刻的模型误差预测值。

当管网发生漏损时，预测值与监测值之间的差值由误差 e_k 和漏损水量共同组成，因此可通过设定模型预测误差在正常情况下的波动阈值来判断管网是否发生漏损。当监测值与预测值之间的残差超出预测模型误差阈值时，可判定为管网发生漏损。

利用数据分析方法，确定管网正常运行情况下流量监测值与预测值之间的误差波动范围，作为漏损检测的阈值。利用预测模型输出 4 天的流量预测值，计算模型预测值与实际监测值的误差并绘制误差直方图，并对误差进行描述性统计。利用数据分析软件 SPSS 对误差进行处理，当偏度和峰度为 0 时，样本分布为正态分布，因此偏度和峰度越接近 0，样本分布与正态分布越接近，经分析可知误差分布符合正态分布，可将预测误差数据近似视为正态分布，进行误差阈值和漏损量的估算。

当周期 T 为 24h 时，预测误差 $e(k)$ 近似服从正态分布：

$$e(k) \approx N\left(0, \ \sigma^2(k)\right), \quad \sigma^2(k) = \sigma^2(k+T) \tag{4.5}$$

若管网中发生漏损，则流量预测值与监测值之间的关系为

$$y(k) = \hat{y}(k) + e(k) + f(k) \tag{4.6}$$

式中，$y(k)$ 为 k 时刻实际流量监测值；$e(k)$ 为 k 时刻漏损量的估计误差；$\hat{y}(k)$ 为 k 时刻流量预测值；$f(k)$ 为 k 时刻管网的漏损水量，当 $f(k) > 0$ 时，可推出漏损量。$f(k)$ 的估算公式为

$$\hat{f}(k) = y(k) - \hat{y}(k) = f(k) + e(k) \tag{4.7}$$

当给定一定时间段内的流量数据样本值后，管网在该时段内的漏损量可用各时刻的漏损估计值进行近似，由于预测误差近似服从正态分布，若管网中 k 时刻发生漏损，其平均漏损量可采用最大似然估计法求解一定时间段内估计值的联合概率分布来近似估计：

$$\overline{f}(k) = \frac{\displaystyle\sum_{i=0}^{NW-1} \frac{\hat{f}(k-i)}{\sigma^2(k-i)}}{\displaystyle\sum_{i=0}^{NW-1} \frac{1}{\sigma^2(k-i)}} \tag{4.8}$$

在未发生漏损时，$f(k)$ 即为 k 时刻流量预测误差的估计值，因此利用无漏损状态下的流量样本数据，将一定时间段内误差估计值的最大值作为阈值：

$$\lambda = \max \overline{f}(k) \tag{4.9}$$

式中，λ 为误差阈值，用于判断管网是否发生漏损。

最终确定管网漏损检测流程如图 4.5 所示。

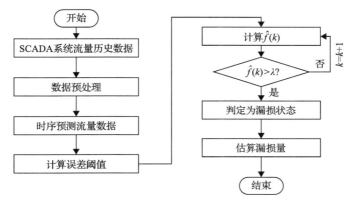

图 4.5 供水管网漏损检测流程图

4.2 港口污水资源化利用智慧调度及优化决策技术

本节构建了气象条件、船舶到离、作业计划等多因素耦合影响下港口分散用水点需水量精细化预测神经网络模型，研发了多目标约束下港口水资源智慧调度及优化决策技术，实现了适应港口生产作业用水及时性的港口供需水快速智能匹配。

4.2.1 港口用水量预测

港区用水预测研究主要包括生产用水和生活用水，其中生产用水包括翻车用水、翻车机和转接机房中压冲洗用水以及堆场和筒仓高压冲洗喷洒用水等，生活用水包括绿化及生活区、办公区用水，以及消防用水。

1. 生产用水

翻车用水水量按照式(2.1)计算，根据卸车时长、洒水流量和到港车数进行预测。

翻车机和转接机房清洁冲洗使用中压水，冲洗期间，雨后、大风天等会冲洗地面，翻车机和地面冲洗没有固定时长，用水量无稳定数值。因此采用统计方法对中压冲洗用水量进行预测。拟采用前 3 天的中压冲洗用水量均值和前 3 天的波动均值来估算未来 24h 的中压冲洗用水量，若前三天的波动均值超过

25%，该 3 天内可能存在跳变数据，因此使用前 5 天的中压冲洗用水量均值和前 5 天的波动均值来估算未来 24h 的中压冲洗用水量。

港口高压用水主要在堆场、筒仓使用，其中堆场用水包括洗带用水、喷枪用水和臂架洒水，筒仓高压用水主要是洗带、冲洗用水。洗带用水量按照式(2.2)计算，根据皮带作业时间、数量和洗带洒水流量进行预测。喷枪和臂架用水量按照式(2.3)计算，根据喷枪和臂架洒水次数、洒水时长和出水流量进行预测。堆场臂架用水量也可参考历史统计数据进行预测，降雨时及降雨之后 1～3 天内(小雨为降雨后 1 天，中雨及以上为降雨后 3 天)日均用水量约为 500m³，非雨天气正常工作日下日均用水量约为 2000m³。筒仓高压冲洗用水量相对稳定，因此采用统计方法对筒仓高压冲洗用水量进行预测，拟采用前 3 天的高压冲洗用水量均值和前 3 天的波动均值来估算未来 24h 的筒仓高压冲洗用水量，若前 3 天的波动均值超过 25%，该 3 天内可能存在跳变数据，因此使用前 5 天的高压冲洗用水量均值和前 5 天的波动均值来估算未来 24h 的筒仓高压冲洗用水量。

2. 生活用水

港口生活用水量和绿化用水量可分别按照式(2.15)和式(2.16)进行预测。考虑到生活用水量波动可能较大，无稳定数值，因此也可采用统计方法对生活用水量进行预测。生活用水主要通过生活水池补水，采用前 3 天的生活用水量均值和前 3 天的波动均值来估算未来 24h 的生活用水量，若前三天的波动均值超过 25%，该 3 天内可能存在跳变数据，因此使用前 5 天的生活用水量均值和前 5 天的波动均值来估算未来 24h 的生活用水量。由于绿化用水量月变化规律相似，气温逐渐升高时绿化用水量逐渐增大，降雨量增加时绿化用水量呈下降趋势，因此预测绿化用水量时可以历史数据中各月日均值为参考，降雨时下调绿化用水量。

4.2.2　港口来水量预测

港口来水预测研究主要包括污水回用和压舱水，其中污水回用包括生产污水和生活污水。

由于管沟回水的时效性问题，导致污水回流至污水处理站有一定滞后性，因此每日污水处理量及污水回用量有一定波动，为了减少因滞后对污水回用数据分析的影响，采用数据整合的思想，即以 2～3 天污水回用数为一个整体进行了整理分析，发现以 3 天为一个污水回流单位进行预测较为合理。因此，采用各污水处理站前 3 天日污水回用量均值来估测未来 24h 的污水处理回用量。压舱水来水量可按照式 (2.24) 进行预测。

4.2.3 港口水资源智能调配及优化决策模型

港口水资源智能调配及优化决策模型包括两部分：一是供需水运算模型，二是预测智能推荐策略模型。这两个模型均依据现场排产计划、天气预报、调度规则参数等因素生成。水资源智能调配流程如图 4.6 所示。

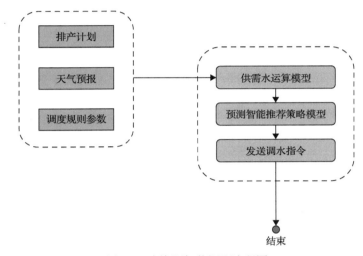

图 4.6　水资源智能调配流程图

1. 供需水运算模型

未来 24h 预测模型主要对用水和来水进行分类预测，通过公式计算或参考历史数据预测不同类别的用水和来水。

进行用水预测时，通过公式预测翻车机用水量和洗带用水量，参考历史数据预测不同季节同期中压冲洗用水量、臂架用水量和生活用水量。各项之和为未来 24h 总需水预测值。进行来水预测时，通过公式预测压舱水回收量和雨水（实时降雨量×径流系数）；参考历史数据预测不同季节同期污水回用量。各项之和为未来 24h 总供水预测值。

在未来 24h 预测模型的基础上，逐小时考虑天气变化因素、调度规则参数以及现场生产、生活用水实际情况，对未来 24h 预测模型进行逐小时回归修正，即逐小时供需水预测模型。进行单位小时内供需水预测时，仅需水类触发运算策略，计算出需水量，进而触发调水策略规则，向上游预测给出调水明细作为供水量依据。进行未来逐个时段供需水预测时，为满足生产和特定场景水池需求，仅需水类（生产水池、生活水池、消防水池）和主动供水类触发计算策略，根据水源点各种计算因子计算出相应的需水量，进而触发调水策略规则，给出调水明细。

2. 预测智能推荐策略模型

按照供需水的功能将池库分为以下三类。①仅需水类：生产水池、生活水池、消防水池；②主动供水类：压舱水池、煤污水池、生活污水池；③湖库类：生态湖、景观湖、南湿地、北湿地。分类型触发相应调水预测策略，再根据天气、盐度、调水层数深度、性价比等给出预测调水明细。在供需水运算模型基础上，预测智能推荐策略模型根据现场实际情况，执行供水源向需水点进行调水。

当仅有单一供水源时，需水点达到调水流程执行条件（水位低于要求值），供水源开始为需水点补水，达到调水流程结束条件（水位满足要求值），供水结束。当多个供水源可供水时，依据水价、调度规则（系统预设优先级，各站点供水能力，各水池、湖库最高、最低水位，当前储水量）等条件，对多个供水源进行优先级排序，当需水点达到调水流程执行条件（水位低于要求值）时，按照优先级顺序对需水点进行补水，若优先级高的供水源水量不满足补水要求，采用双路供水，即优先级靠前的两路供水源对需水点进行补水，达到调水流程结束条件（水位满足要求值）时，供水结束。

港口水资源智能调配实行实时调水。未来 1h 生产水池能满足预测用水量，则不调水；不能满足预测用水量，则根据低价值水优先原则进行逐级调水；当低价值水不满足未来预测生产用水时，则按照市政水、电厂水优先顺序补充。

（1）生产水池策略（仅需水类）。

该策略适用于仅需水类水池。以生产水池为例，当生产水池达到补水条件时，按优先级排序用压舱水池、污水处理站、湖库、市政水、电厂水给生产水池补水；当压舱水池有收水计划或正在进行收水时，以压舱水池给生产水池补水，当压舱水池没有收水计划（如冬季）或水量不足以补充生产水池时，以污水处理站回用水进行补水，当污水回用水不足以补充生产水池时，以湖库进行补水，当湖库不足以补充生产水池时，采用外购水为生产水池补水，当水池水位满足要求后，调水流程停止。

（2）压舱水池策略（主动供水类）。

该策略适用于主动供水类水池。以压舱水池为例，从生产管控系统得知有收水计划及计划收水量后，判断压舱水池是否有足够容积收水，当压舱水池可容水量小于计划收水量后，判断需水点（仅需水类水池和湖库）是否有补水计划，优先以压舱水池作为供水源为其补水，当压舱水池现有水量低于冬季备用水源保证水量后，停止压舱水池为其他需水点补水，等待压舱水回收。在压舱水回收过程中重复判断是否有足够容积收水，若没有则重复判断是否有需水点补水计划，优先为需水点补水，直至压舱水回收完成。

（3）湖库类策略。

该策略适用于湖库类。不同于仅需水类和主动供水类，湖库属于储水水池，根据现场实际情况既可以作为供水源，为需水点补水，又可以作为需水点，等待其他供水源补水。当湖库水位满足自身要求，且有其他需水点需水时，湖库为其补水，当湖库水位达到最低要求或需水点达到停止补水水位时，湖库停止为其补水，若湖库水位低于自身要求水位，则作为需水点，由污水处理站或外购水等供水源为其补水，达到停止补水水位时停止补水。

4.3 排水沟全自动清淤及煤/矿泥回收利用技术

针对污水收集沟分布范围广、距离长导致的煤/矿渣沉淀淤积问题，发明了适用于污水收集沟有限空间作业的链板刮板式全自动清淤装备，提出了集泥池优化布局方案，创新研发了基于集泥池水位监测的远程智能控制系统，针对污水收集沟、污水处理站煤/矿泥规模化和资源化处置难题，首创了基于压滤工艺的煤/矿泥回收利用技术。

4.3.1 长距离排水沟链板刮板式全自动清淤技术

针对污水收集沟分布范围广、距离长、空间受限导致的排水沟机械化自动化清淤难题，发明了链板刮板式全自动清淤装备，提出了集泥池优化布局方案，创新研发了基于集泥池水位监测的远程智能控制系统。

1. 链板刮板式全自动清淤系统

堆场排水沟自动清淤技术是指在排水沟的直线段水流方向的下游建造集泥池，集泥池侧方排水沟上方安装链板刮板式清淤机驱动站，清淤机驱动站拖拽链板单向循环运行将沟底淤泥拖刮到集泥池，集泥池设置潜水式搅拌器和渣浆泵，将搅拌均匀的煤泥提升到污泥运输车上运送到粉尘车间处理，进而实现排水沟清淤作业自动化、信息化。

(1) 刮泥机。

根据堆场主排水沟实际布局情况(长度 100m,宽度 1m,深度 1.2m,含上覆 0.2m 厚混凝土盖板),设置刮泥机一台,形式为非金属链板式刮泥机,链板、刮板尺寸满足排水沟内部安装条件,能够将排水沟内淤泥有效地刮到头部集泥池内。为降低对排水沟排水功能的影响,同时方便检查维护,尽可能减少占地面积和安装高度。刮泥机驱动装置和张紧装置安装于地面上,传动链条、刮板、改向辊筒等均安装于沟盖板下面,对排水沟排水能力影响小,同时不影响地面承载重车通行,并且不会将沟内污染物带出地面,安装完成后,现场基本维持原状不变。

刮泥机刮板、链板、销轴采用免维护设计,减速机、驱动电机均为露天安装。链板张紧系统位于地面以上。整机设有安全过载保护装置并合理配置急停按钮,当板链卡阻或过力矩时自动停机,出现紧急情况时,可通过急停按钮紧急停机。

与链板、刮板滑动接触的部分如沟底、链板等敷设滑轨,从而提高相关部件的使用寿命。采用耐磨靴及滑轨等耐磨、耐腐蚀、低成本材料保护刮泥板,延长刮泥板使用寿命,降低维护成本。耐磨靴采用低吸水率、高强度的复合增强材料 HPPA 制造,厚度 10mm,L 型设计,可双面(正反面)调换使用。沟底、链板等敷设滑轨尺寸不小于部件滑动全行程。回程导轨、池底滑轨均采用承载力强、耐磨性好的超高分子量聚乙烯(UHMW-PE)制造。

刮泥机采用智能化设计,可根据淤泥实际情况设置清淤机每天工作次数和时长,以达到节能效果。排水沟、集泥池安装了智能感知设备及现场视频监控,可实现远程智能控制。

(2) 集泥池。

设置集泥池一座,采用钢筋混凝土结构,用于排水沟内的含泥污水的收集及混合。集泥池为露天设计,全地下式,尺寸为 5m×5m×2.5m(长度×宽度×深度),有效水深为 1.8m,有效容积约为 45m³。池底设 1∶10 坡度坡向池底集泥坑提升泵吸入口。集泥池内设超声波液位计一台,带 4~20mA 信号输出,实现了液位高位报警及低液位连锁停泵,液位信号传至电控室。集泥池内设置潜水搅拌器两台、提升泵一台。

(3) 潜水搅拌器。

集泥池内设置潜水搅拌器两台,用于搅拌集泥池内污水,创建水流,加强搅拌,防止沉淀。潜水搅拌器运行方式为连续运行,潜水搅拌器配有导轨,可在深度范围内调整立面位置,并能够以轨道为轴进行水平角度调整。

(4)提升泵。

集泥池内设置提升泵一台，形式为长轴液下泵，用于将集泥池内搅拌均匀的煤泥提升到煤泥车上。提升泵与集泥池内液位计联锁，实现低液位锁停泵，高液位联锁报警。四部分实物如图4.7所示。

图 4.7　链板式刮泥机(a)、集泥池(b)、潜水搅拌器(c)和提升泵(d)

2. 自动清淤系统测试运行分析

系统设计清淤能力按 100m 长度排水沟煤泥自然沉积平均厚度 100mm 计算，以刮泥机链板运转一圈为一个工作周期，单个工作周期不超过 4h(刮泥板运行速度 0.3～0.6m/min)，煤泥清除率不低于 80%，设计寿命不低于 15 年，除检修外，每天均能正常运行。按 100m 长度排水沟设计，用电总负荷约为 21.2kW，其中定时连续运行负荷 2.2kW(按最大负荷估算)，间断性运行负荷 19kW，年运行费用 6552 元。与传统清淤方法相比，每年可节约排水沟清理费用约 13 万元，可减少排水沟清理停运时间 144 个工作日。

链板刮板式全自动清淤系统运行后，实现了堆场排水沟自动清淤，相较于以前人工清淤方式，降低了排水沟清淤成本，提高了清淤效率，避免了环境污染。清淤系统除了集泥池煤泥定期派人提升和运送外，能够实现无人化、自动化、智能化、信息化，彻底解决了人工清淤和环境污染问题。

4.3.2　基于压滤工艺的煤/矿泥与撒落料协同回收利用技术

针对港区污水收集沟煤/矿渣、污水处理站煤/矿泥规模化和资源化协同处置问题，研究开发了基于压滤工艺的煤/矿泥回收利用技术，以带式压滤机为核心，通过添加高分子絮凝剂和明矾作为助滤剂改善压滤物料的性质，提高压滤效果。

1. 带式压滤脱水工艺研究

带式压滤脱水工艺是利用滤布在连续运转过程中对污泥施加压力以实现污泥脱水的工艺。在脱水过程中首先通过添加絮凝剂等使物料形成絮团，然后在胶带挤压作用下将水分排出，最终形成紧密的滤饼，实现固液分离。带式压滤机不需要真空或加压设备，具有动力消耗少、结构简单的优势，出泥饼含水率低且稳定。

带式压滤机主要由机架/滤带、滤带张紧系统、滤带调整系统、滤带冲洗系统、管线/驱动系统、卸料装置、排水装置、安全装置等组成。污泥进入压滤机滤布后，经历重力脱水、预压脱水、压榨脱水三个阶段[97]。

（1）重力脱水。

煤/矿泥经过加压"紊流"和减压扩充"稳流"装置流淌到脱水机的滤带上，大部分自由水在该阶段借助自身的重力透过滤布，通过可调节高度的围堰式阻泥器来调节和限制滤层的厚度，使污泥疏散并均匀地分布在滤布表面，使之在重力脱水区能更好地脱除水分。

（2）预压脱水。

利用上下滤带的楔形变化，对来自重力脱水段的煤/矿泥逐渐施加预压力，以进一步脱掉表层水，减少进入压榨区的煤泥含水量，使煤泥完全失去流动性。采取了可调式的柔性预压和刚性预压两级预压装置。柔性预压采取上下板式可调预压装置，对煤/矿泥进行逐步加力预压，在调整时预压板形成一定的弧度，两边将上下滤带封紧，避免外溢，表层水被加压挤出；刚性预压采取一端可调式辊式预压装置，对经过板式预压的煤/矿泥进一步加压预脱水，使其在预压段中完全失去流动性。采取两级预压装置比仅靠上下滤带楔形变化预压脱水效率提高 1 倍以上。

(3)压榨脱水。

通过脱水辊筒形成 S 形的运动方式，使煤/矿泥在反复挤压的过程中达到理想的脱水状态，带式过滤压榨脱水段由单独调速电机驱动，运行速度可调。

2. 复合助滤剂提升压滤效果研究

高分子絮凝剂与颗粒表面之间的作用主要是氢键作用和架桥作用。对于阴离子型高分子絮凝剂而言，它们主要通过氢键吸附到颗粒表面上。高分子絮凝剂的阴离子基团间的相互排斥，有利于高分子链的伸展，更容易实现分子架桥。架桥作用是高分子絮凝剂能够同时在多个颗粒表面进行吸附，借助自身的长链特征把颗粒连结在一起形成絮团，增大了过滤物料的粒径。另外在一定条件下，吸附高分子可以渗透两颗粒间的双电层而实现桥连。使用无机盐类助滤剂压缩双电层，降低颗粒表面电动电位，使颗粒间的相互絮凝易于发生，同时也有助于增强高分子在颗粒间的架桥作用。明矾在无机盐类中压缩双电层的效果较好。

因此，采用阴离子型高分子絮凝剂和明矾作为复合助滤剂。煤/矿泥过滤前，在其中先加入 100g/m³ 的明矾，混合 30s；随后分别加入不同剂量的高分子絮凝剂，搅拌 1min，确保混合均匀；再将混合液注入布氏漏斗中，打开阀门，将真空度维持在一个大气压下开始过滤，记录成饼时间。通过测定干湿滤饼的质量差，计算出在不同的药剂用量下的滤饼含水率。

采用高分子絮凝剂和明矾作为助滤剂复合使用时，过滤时间随着絮凝剂用量的增加逐渐减少；然而滤饼的含水率则呈现先减少而后增加的趋势。这种现象主要是由于高分子絮凝剂具有较强的亲水性，会增加絮团的水化膜，进而增加滤饼中的水分。因此，高分子絮凝剂的用量对过滤效果影响显著。当高分子絮凝剂用量为 12g/m³，明矾用量为 100g/m³ 时，过滤时间为 12min，滤饼含水率为 30.8%，与未加高分子絮凝剂相比过滤时间减少了 6min，滤饼含水率降低了 0.5 个百分点。加入复合助滤剂能加快过滤速度，减少滤饼水分，显著提高过滤效率，有效提升过滤效果[98]。

4.4　本章小结

本章构建了覆盖港口污水处理工艺全过程的水质水量在线监测和供水管网水压水量在线监测网络，建立了港区供水管网分级拓扑关系模型，首创了基于 LSSVM 分区管网流量预测的港区供水管网智能监测控制算法，实现了站网一体化智能监测控制；研发了气象条件、船舶到离、作业计划等多因素耦合影响下港口分散用水点需水量精细化预测神经网络模型，首创了多目标约束下港口水资源智慧调度及优化决策技术，实现了适应港口生产作业用水及时性的港口供需水快速智能匹配；发明了适用于污水收集沟的链板式全自动清淤装备，提出了集泥池优化布局方案，创新研发了基于集泥池水位监测的远程智能控制系统，首创了基于压滤工艺的煤/矿泥回收利用技术，实现了污水收集沟、污水处理站煤/矿泥规模化和资源化处置。

5 散货港口雨污水资源化利用智能动态管控系统

5.1 系统架构设计

5.1.1 总体架构设计

散货港口雨污水资源化利用智能动态管控系统是一个以水资源为对象，从"雨污水资源化利用调配一张图"管理的角度出发，建立的一套智能的、综合的、管控一体化的港口雨污水资源化利用精细化调配及一体化管控平台，总体构架如图 5.1 所示。以水资源利用为导向，通过环境气象、水量水质、处理设备等实时运行数据等关键数据汇总分析，提出港口雨污水资源化利用最佳调度策略，建立了安全可靠、灵活适用的优化调度机制，实现港口雨污水资源化利用在港口抑尘等领域的重要应用。

图 5.1 散货港口雨污水资源化利用智能动态管控平台总体架构

环境监测与水资源调配是整个散货港口雨污水资源化利用智能动态管控系统的重要组成部分，主要围绕"水"这个资源对象，建立港口监测网，采集环境数据，与管控一体化系统、历史数据库系统、港口堆垛模型系统、气象系统、洒水控制系统等水源利用系统进行对接，结合手动监测录入的数据，形成平台数据库。在此基础上，建立以堆场智能洒水控制模型为代表的水源调度利用模型，实现环境监管、智能运作、智慧分析三大体系，建立了安全可靠、灵活适用的优化调度机制，实现了港口多种雨污水资源化循环利用的实时智能调度与决策。

5.1.2 技术架构设计

散货港口雨污水资源化利用智能动态管控系统采用分层架构设计，主要技术架构分为支撑层、监测层、数据层、算法层、应用层，平台技术架构如图 5.2 所示，平台采用 B/S 架构。

图 5.2 散货港口雨污水资源化利用智能动态管控平台技术架构图

支撑层：支撑层主要是利用物联网、大数据、机器学习、人工智能等先进的技术，为本系统数据采集、数据集成、数据分析、数据建模、应用开发、系统运行提供基础支撑。

监测层：采用科学的布点方式，合理布设港口压舱水、含煤雨污水、含油雨污水、生活污水等多类异质雨污水在线监测系统和气象监测站及实时监控系统，实时采集各站点的信息。

　　数据层：数据层主要实现对港口可回用水资源数据以及其他数据集成并统一存储管理，是为不同部门、不同岗位的用户提供各类信息的共享服务。

　　算法层：算法层主要是对数据层集成的所有数据进行挖掘分析，建立智能调度策略模型，形成港口可回用水资源最佳调度策略。

　　应用层：应用层主要是对算法层的数据模型进行智能化应用，实现港口雨污水循环利用的实时智能调度与决策。

5.1.3　网络架构设计

　　整体系统拓扑如图 5.3 所示。

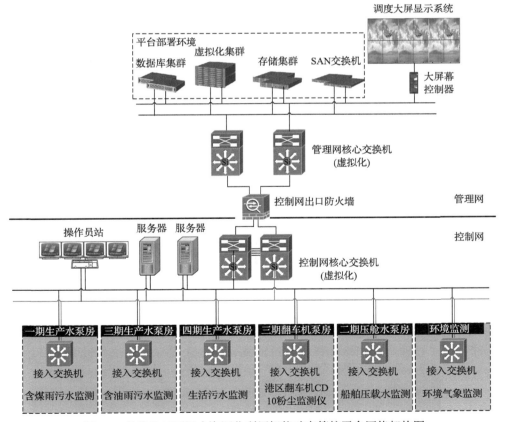

图 5.3　散货港口雨污水资源化利用智能动态管控平台网络架构图

5.1.4　接口功能设计

散货港口雨污水资源化利用智能动态管控平台实现了与监测设备、水资源调度管控一体化系统、气象系统、历史数据库、需水模型系统、用水控制系统、水系统改造项目的数据交互。

（1）实现与监测设备的接口，获取温度、湿度及气象数据。

（2）实现与历史数据库的接口，获取实时作业量等数据。历史数据库主要存储的是设备运行过程中的实时数据，以时间序列的格式存储，数据完整性好。

（3）实现与管控一体化系统的接口，获取生产计划、作业流程、作业量、场存量、用水需求等数据。散货港口雨污水资源化利用智能动态管控平台主要存储的是港区生产计划、调度安排、堆存状态、设备日志等数据，数据库为 Oracle 数据库，标准的结构化格式存储，数据质量较高。

（4）实现与需水模型系统的接口，需水对象主要是堆垛抑尘需求，接口获取堆垛位置、垛位高度等数据。堆场模型系统主要存储的是堆场垛位位置、垛位高度、垛位三维坐标等数据，数据库为 SQL Server 数据库，标准的结构化格式存储，数据质量较高。

（5）实现与用水控制系统的接口，主要以港区洒水控制系统为代表，下发洒水作业指令，获取喷枪洒水记录及故障报警记录等数据，洒水控制系统作为指令的接收端，直接对 PLC 进行控制，实时数据均存储在历史数据库中。

（6）实现系统与气象系统的接口。气象系统主要存储的是降雨强度、累计雨量、潮位、大气温度、大气湿度、本站气压、海面气压、瞬时风向、瞬时风速、平均风向、平均风速、能见度等数据。数据库为 SQL Server 数据库，标准的结构化格式存储，数据质量较高。

系统关联如图 5.4 所示。

5.1.5　调度管控一体化流程设计

水资源调度管控一体化系统在功能上是一个整体，但在其网络结构上分为两部分，即管理系统网络和控制系统网络，网络之间互相通信并设置安全的通信策略。

管理信息系统主要用于生产、设备等各子系统的数据处理、存储、信息查询、数据分析以及报表的输出等工作。

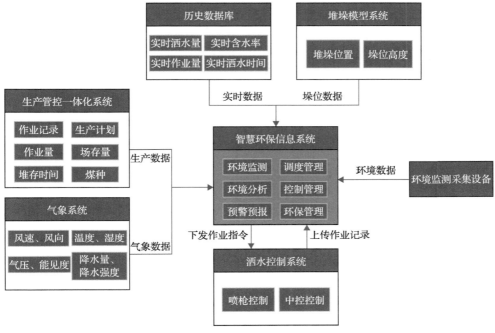

图 5.4　系统关联图

控制系统根据管理系统下发的作业指令，选择流程，进行喷枪及泵站的自动化洒水、供水作业，并在流程结束时返回作业的流程信息和其他数据给管理系统。

本书将实现自动采集、监测与智能调度系统对接，水资源调度管控一体化流程如图 5.5 所示。

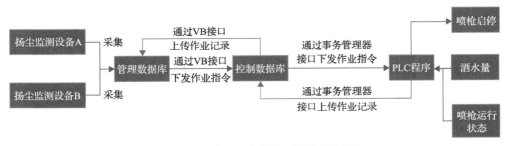

图 5.5　水资源调度管控一体化流程图

系统数据采集/获取、汇聚、分析、处理等全生命周期的数据流程如图 5.6 所示。

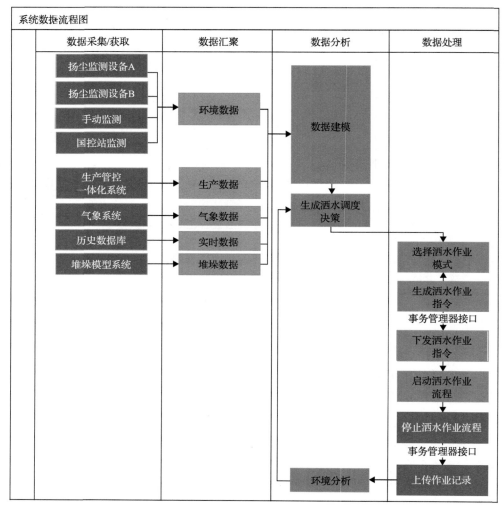

图 5.6　系统数据流程图

5.2　系统功能设计

5.2.1　监测网设计

  建立一个全面覆盖含煤雨污水、含油雨污水、生活污水等多类港口可回用水源的信息在线监测网络，进行科学合理的环境监测点位布控，并安装扬尘在线监测设备等用水监测设施设备，实现对水源信息、用水需求、环境状况、气象参数进行连续、自动、实时、高密度的采集和监测，保证可回用水资源监测网 24h 系统不间断平稳运行，全天各站点监测数据无断点。

5.2.2　平台管理分析

平台管理主要是指对站点信息、指标、权限、接口信息进行配置管理，以更好地满足平台的需求。系统管理主要包括基础信息设置、菜单管理、机构及人员管理、角色与权限管理、接口管理。

基础信息设置包括点位管理、区域管理、设备信息、监测因子、停机类型、告警方式、告警阈值、环境等级的设置与管理。

菜单管理是对系统的各级菜单名称、层级进行设置与管理。

机构及人员管理是指系统管理员对使用本系统的人员所在的单位、部门、名称、账号等进行设置与管理。

角色与权限管理是对系统用户进行角色的设置与各模块的操作权限管理。不同角色用户登录后，根据管理员赋予用户的角色权限，显示允许用户访问或操作的菜单功能。

接口管理是对相关系统的接口进行维护与管理。

5.2.3　系统首页设计

系统首页主要用于展示水源、用水、气象、设备、环境、生产、报警等关键绩效指标（KPI）、模型分析结果。这些数据通过地图和统计图表的形式进行可视化展示和信息发布。此外，针对空气质量、气象的实时变化趋势、可回用水资源分布情况，以及洒水、用水重点调度环节，特别制作了专题效果图，并进行了 3D 效果仿真模拟。

气象信息：动态展示当天气象预报信息及未来 24h 气象走势曲线图，包括温度、湿度、降水量、风向、风速、能见度、气压等。

设备信息：展示监测站点的历史维护时间、设备状态、设备位置等信息。

生产信息：展示港区用水需求、上一次水源调度使用时间、作业结束时间、下次水源调度使用时间、作业时间等信息。

用水信息：展示各垛位、各期翻车机用水量、堆场洒水量实时值、当月累计值、同期用水量对比图等信息。

环境信息：展示各站点的实时浓度数据、累计排名、超标情况等信息。

5.2.4　实时监测分析

环境实时监测通过环境监测设备，实时监测降雨情况，以预估雨污水量，并接入港区翻车机、堆场、码头、筒仓及场界等关键位置的实时环境信息，对接调度一体化平台、堆垛模型系统、历史数据库系统、气象系统，获取实时用水量、需水量、作业流程、蓄水池等数据，并与网络实时抓取中国天气网公布的气象预报信息、系统公布的港区所在地国控站监测信息进行有效的集成，进一步提升环境质量及局地短期临近的气象预测的准确性和科学性。

环境监测内容主要包括实时监测、手动监测、气象监测、国控站监测四项内容。

1. 实时监测

实时监测主要包括用水、蓄水、环境、生产的实时监测，为生产作业提供实时的作业指导及环境信息发布，以便更好实现可回用水资源最佳调度策略。

水源实时监测：结合地理信息，采用地图插件的方法，实现在地图或列表上展示所有水源监测站点上传的秒级的海量监测数据，并对这些数据进行可视化展示，生动形象地展示出可回用水资源的实时变化趋势和分布情况。

多点实时监控：实现对多个在线监测站点监测信息的统一查看，包括站点类型、监测因子(含煤雨污水、含油雨污水、生活污水、气象参数)、监测区域、运行状态、监测站点信息、时间、监测因子及设备联网情况。监测数据通过数据列表、实时柱状图、曲线图等方式动态展示各站点的历史变化趋势。

单点实时监控：实现对单个在线监测站点的实时监测。采用数据列表展示单个站点不同监测因子(含煤雨污水、含油雨污水、生活污水、气象参数)的实时监测数据，系统自动对监测数值超出限值的监测数值进行提醒。

生产实时监测：对监测点位所在区域及全港的装卸作业量、设备作业状态进行实时监控。

用水调度实时监测：对翻车机用水量、堆场用水量等水源调度进行实时监控。

2. 手动监测

手动监测是对在线监测的一个补充，利用现有便携式监测设备灵活地、不固定对全港各点进行针对性的人工监测和信息发布，主要包括船舶到离、生产作业、环境气象、水量水质等信息。内容包括船舶离靠港信息、水源水质快速检测结果信息，实现数据的增、删、改、查功能，并与在线监测数据进行对比分析。

3. 气象监测

对接国家气象系统，获得港区实时的气象监测数据，包括温度、湿度、气压、降水量、降水强度、风向、风速等，实现气象信息的实时展示与分析。定时抓取气象预报数据，实现局地短时临近的气象预报预警，结合气象与环境的历史数据，分析气象条件与雨污水储存量、用水量的内在联系，实现港区逐小时的生产用水量预测，为用水调度、污染应急处置、提前备水提供决策支持。

4. 国控站监测

实现定时抓取港口所在地的国控站监测数据，并与本地监测值进行对比分析与实时数据展示。

5.2.5 调度管理分析

1. 数据建模

数据建模根据含煤雨污水、含油雨污水、生活污水等可回用水资源的水质特点，结合不同天气情况、不同作业类型、不同储水位置、不同堆存期等多条件与用水需求、用水特点的关系，根据模型分析结果，得出综合的可回用水资源调度策略，同时根据作业人员配置的边界参数条件，实现预防性的用水调度预报与调度策略，最终实现安全可靠、灵活适用的优化调度机制。

数据建模主要包括港口来水、储水、调水以及用水循环感知分析，以港区起尘量分析预测、堆垛用水控制条件的分析建模，形成多情境、多条件下的综合用水调度策略，实现港口雨污水资源化利用智能调度与决策。

2. 用水调度管理

用水调度管理主要以洒水抑尘为主，包括参数设置、调度预报、策略发布三部分。

（1）参数设置。

用水操作人员将洒水设备能力、设备状况、设备可用情况、维修计划、洒水优先级、特殊作业要求、流程约束、喷枪及垛位基础信息等边界条件录入系统，并对数据建模分析结果得出综合洒水调度策略进行优化调整，形成最终的洒水调度方案。

（2）调度预报。

基于天气预报、设备维修计划、装卸生产计划、堆存情况等信息的展望期及建模预测分析结果，形成堆场垛位的 24h 精准用水、洒水调度预报，并对未来 3～7 天的洒水调度及用水量进行预报，包括各垛位的洒水时间、洒水时长、用水量、喷枪使用计划等信息，为后续泵站的水源准备及设备维修计划安排提供指导。

(3) 策略发布。

将用水调度预报方案、生产作业计划、垛位堆存计划、设备维修计划和环境预测等信息整合后对外发布，形成统一的用水调度动态信息，实现未来 24h 内的动态可视化展示。

5.2.6　控制管理分析

控制管理即智能管控和调度用水，根据动态发布的用水及洒水调度策略，操作人员可根据现场情况，自主选择全自动、半自动、手动三种用水控制模式。一般情况下采取全自动模式，有特殊需求时可采用半自动模式，应急情况下则采用手动控制模式。

控制管理模块的主要内容包括用水作业管理和设备停机管理。用水作业管理包括指令管理、用水作业流程管理、用水作业模式设置。

用水作业指令管理：根据监测到的环境数据和气象历史数据，结合数据建模分析结果，将用水调度策略以作业指令的形式通过事务管理器接口下发到用水控制系统，控制系统根据作业指令自动启停作业流程，从而自动控制垛位喷枪的启停。

用水作业流程管理：根据实际作业情况，查看用水控制系统根据指令反馈回来的流程记录，并可对流程记录进行修改、确认。

用水作业模式设置：根据实际作业情况，可以选择不同的用水控制模式进行操作。智能用水控制主要分为全自动、半自动、手动三种操作模式。

(1) 全自动控制：全自动操作模式是通过数据建模分析结果，自动推送用水调度策略，自动下发作业指令，自动洒水、自动获取洒水作业记录等一系列智能化控制操作。

(2) 半自动控制：半自动模式是可以对智能操作的功能参数进行人工配置的方式，如用水流程设备的选择、用水控制时长等相关参数，并由操作人员下发指令，启动用水流程，使操作人员根据实际情况进行灵活性的调整和修改。

(3) 手动控制：针对现场实际情况，因特殊原因无法采用智能化控制时，操作人员可自行制作用水作业指令并下发控制系统，系统按作业流程自动启停相关设备，自动生成运行日志。手动控制是由用水作业操作员制定作业指令，下发到用水控制系统，以便控制系统带指令启动流程。

设备停机管理是由作业人员对现场用水和洒水设备、环境监测设备的停机类型、停机原因、处理情况、处理人员等信息进行录入和管理，实现设备的 24h 闭环管理，为设备维修周期的预测及设备分析提供指导和依据。

水源水质恶化不满足港口使用要求、监测设备断线或数据上传异常时，及时发出警报，并自动生成故障记录。

5.3 多源异构数据智能处理

5.3.1 多源异构数据集成方法

多源异构技术实质上是一种数据集成技术，其目的是将不同类型数据采用特定方法进行处理、集成，并建立一个可用于分析处理的数据库。"多源"是指不同的监测器分别采集数据形成的多个不同的数据源。如港口雨污水监测过程中使用的流量计、水位计、雨量计、水质监测仪等设备采集的数据，以及这些数据在时间维度上的变化。由于数据源存储的平台和方式存在很大差异，形成了数据"多源"的特征。"异构"则强调了数据类型的多样性和复杂性。例如，在港口可用水资源监测过程中，监测设备及时间域数据类型复杂、数据结构不一致。监测设备收集的数据包括结构化数据、半结构化数据和非结构化数据，由于在构建的过程中缺乏明确统一的标准，导致了监测数据呈现出"异构"的特点[99]。

经过近几十年的研究发展，基于多源异构的数据集成技术已取得显著成果。通常情况下，多源数据集成归纳为 Virtual 和 Materialized 两种方法，即虚拟集成和物化集成。数据集成的目标是将不同结构的数据进行采集、转化，并消除数据结构和类型之间的差异，从而构建统一的数据模型的过程。这一过程对数据库、数据清洗质量要求较高。在此基础上，美国学者提出了一种基于数据空间(Dataspace)的数据管理技术。Dataspace 技术通过建立统一的数据描述类型(即实体)，并将各实体与数据主体进行关联，从而在一定程度上减少了对数据库中数据类别、数据模式、数据存储位置规则的依赖，使多源异构数据模型的建立变得便捷。对于港口可回用水资源监测系统而言，其主要特征包括监测设备类型数量总体不大、各类型传感器数据格式不同以及监测数据的分布式存储。在这种背景下，核心问题在于如何从不同类型监测设备中提取本体信息并进行重构融合，进而建立监测模型。

5.3.2　数据本体及重构方法

1. 数据本体及其基本理论

随着传感器技术的发展及监测对象的复杂化,利用多种传感器针对特定任务进行监测已经成为测量与信息学界研究的新方向。在港口雨污水资源监测过程中,由于使用了多种传感器,针对同一目标测量的数据具有来源广泛且格式迥异的特征,同时这些数据还存在着空间位置不同、时域不同、难以复现等特点。如何准确地对异构数据在物理上和逻辑上进行集成,并在统一平台上进行数据管理与调用,并且保持原始数据在原有应用中的整体性,达到资源整合、信息共享目标,成为一个重要挑战。

数据融合按操作级别可分为决策级融合、特征级融合和数据级融合。港口可回用水资源监测多源异构数据融合在决策级进行,并以本体的确立作为数据融合前提。本体是一种具有共享概念化模型的形式化规范说明,起源于 20 世纪末信息科学领域对哲学概念的借鉴,现已发展为一种知识表示方法。在多源异构数据结构中,本体利用特定的语言对不同数据类型、不同表达方法的多源异构数据进行关键词提取,并建立概念化的模型。在此基础上,利用数学模型描述各种数据源之间的逻辑关系,规范化的数学模型语言能够被计算机识别,有助于对多源异构数据进行分析运算。

本体是一种将概念化和形式化相结合的表述体,通过概念之间的关系来表达客观现实世界的一般存在。在本体领域内没有一套成熟的、通行的标准方法可以完成本体提取与构建,实现人机之间的信息共享,因此在不同的科学领域及不同的工程应用中,本体提取与构建的方法需根据具体情况进行研究,且在同一领域内也很难保持一致。本体模型构建的五条原则包括:完整性原则、一致性原则、明确性和客观性原则、最少化约束原则、最大可扩展性原则。在此基础上相关学者们开发出了本体构建的三种经典方法,包括:①主要应用在领域本体的构建的七步法,该方法是由斯坦福大学医学院开发的;②只提供项目开发本体、主要用来构建企业本体的骨架法;③通过对使用要求,评价问题能力来开展新建或更新现有本体的方法,同时采用形式化理论或数值模型进行表达的方法。

2. 水源监测数据本体及其重构模型

(1)监测本体模型架构。

散货港口雨污水资源化利用存在多元化与随机性的特点,为更好研究关键水源的监测方法及技术，针对港口可回用水资源构建监测模型并开展监测评估工作。基于生产生活产生的雨污水和接收的压舱水两种特定港口可回用水资源，其存在以下共同特点：①水量识别难度大，统计困难；②降雨降水随机性大。

对具有以上特点的港口雨污水资源化利用监测设备选择时，应重点考虑两个方面：①在线监测仪器识别率高，准确监测水量；②能够对监测范围内水源进行量化评估，以及结合港口特点对来水及用水趋势进行监测，监测逻辑架构如图 5.7 所示。

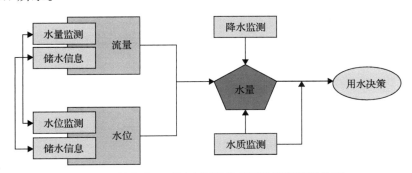

图 5.7　散货港口雨污水资源化利用监测逻辑架构图

散货港口雨污水资源化利用监测主要设备应包括流量计、水位计、雨量计、水质监测仪四种设备，其中：①流量计是指示被测流量和（或）在选定的时间间隔内流体总量的仪表。简单来说就是用于测量管道或明渠中流体流量的一种仪表。流量计又分为有差压式流量计、转子流量计、节流式流量计、细缝流量计、容积流量计、电磁流量计、超声波流量计等。按介质不同又可分为液体流量计和气体流量计。流量计可对港口监测范围内水流方向、水流速度进行测量，从而对监测区域内水源来水和用水趋势进行监测。②水位计是自动测定并记录储水池等水体水位的仪器。按传感器原理分为浮子式、跟踪式、压力式和反射式等。③雨量计是气象学家和水文学家用来测量一段时间内某地区的降水量的仪器（降雪量的测量则需要使用雪量计）。常见的类型包括虹吸式和翻斗式两种。④水质监测仪则对海洋水质参数进行监测，可对港口水源水质进行监测。

（2）基于本体的多源数据重构模型。

首先进行领域本体的构建开展多源异构数据的融合，领域本体是一种可跨平台使用的、面向对象的知识进行表述的词和术语定义，包括对象的特征、推理规则、限制条件等。本节基于美国斯坦福大学首先提出的七步法，监测多源数据融合是基于目标的数据筛选与重新构建，不同于一般的数据挖掘，因此针对港口雨污水资源化利用监测领域本体的提取开发了特定模型。

第一步，数据采集。即监测系统构建的首要环节是对监测设备进行数据的采集，包括流量计数据、水位计数据、雨量计数据、水质监测数据等，这些数据采集后分别放入不同数据库，待数据分析后调用。

第二步，数据处理。由于港口可回用水资源的复杂性，以及监测过程中干扰因素多、监测仪器设备的不稳定性等因素会导致数据的异常。面对结构复杂、干扰较多、数据的表现形式和存储格式各异等问题，以及大量对监测数据的准确性带来严重干扰的异常数据，需要对监测数据开展处理工作。数据处理过程包括数据评价与数据处理两方面工作：数据评价过程是对采集数据的有效性、真实性进行识别并对数据进行清洗；数据处理是对进入数据仓库的数据进行整理与修正，从而过滤异常数据、修正偏差值。

第三步，数据重构。对监测数据进行处理后，形成了无数个局部本体，这些局部本体与系统内设置的监测设备相对应，并按照一定规则进行存储。数据重构的过程即是将相关联信息按照一定规则进行提取与整理，并形成与港口雨污水资源化利用监测直接关联的新的数据库过程。

第四步，数据集成。数据集成根据港口雨污水资源化利用在线监测设备数据重构数据库，结合水质、水量的监测和计算数据的相关性，采用多元回归模型与人工智能技术对数据进行集成、计算入侵强度，建立基于多源异构型的港口雨污水资源化利用监测模型。

5.3.3　数据库建设

1. 监测数据采集类型

散货港口雨污水资源化利用监测的主要设备类型包括流量计、水位计、雨量计、水质监测仪等仪表。这些设备的数据存储类型主要包括数据格式的存储类型，如图片、视频数据格式、水质传感器存储数据格式类型。这些数据在大小、时间和空间上是不同的，并且包含不同的数据元素。

虽然流量、水位在水资源监测领域被广泛应用，但由于流量、水位具有分辨率有限，无法完全满足在港口雨污水资源化利用监测过程中对水量确认和判断的需要。因此，建立摄像辅助监测系统，对水量监测信息进一步分析与识别是尤为必要的。水下摄像系统的数据可以归结为图像数据的处理，图像处理的实质是通过提取、修改和完善图像的特征点，将图像转换成具有直接信息和有价值信息的图像。图像处理包括图像增强和边缘检测两个方面。但同时图像数据本身不具有时域动态特性，难以有效判别港口可回用水资源发展的动态趋势，因此在港口雨污水资源化利用监测系统中，图像数据的集成必然要采用与时钟相关联的实时观测方式[100]。

水质传感器可以监测盐度、水温等，从而帮助判断港口雨污水的变化趋势，这些数据为港口可回用水资源调度提供更加广泛的时域特征依据。结合流量传感器、进水的动态模型，还可以提供对港口可回用水资源的发展趋势的空间域分析。为确定港口雨污水资源化利用过程中的储水、用水趋势，开展港口雨污水资源化利用监测数据的采集，并行开展流量、水位、水下摄像监测系统，以及水流、水质传感器等共同构建在时域和空间域数据的演变数据采集工作，对港口雨污水资源化利用监测具有重要意义。

2. 监测数据采集方法

基于港口雨污水资源化利用监测数据模型（data model），建立一个用于在线采集监测数据的数据库。数据库设计的核心步骤是设计港口雨污水资源化利用在线监测评估系统的概念模型，概念模型具有结构简单、冗余量少、约束完整性等特点。港口雨污水资源化利用监测数据采集系统首先建立基于实体的数据库。

数据库实体包括用户（users）、水位（water level）、摄像机（camera）、水流计（flow sensor）、水质仪（water-quality sensor）、站位（station）、监测目标（monitor target）、监测要素（monitoritem）。其中用户数据包括标识（ID）、用户名（name）、密码（pass word）；水位数据包括标识（ID）、深度（bathy）；摄像机数据包括标识（ID）、深度（bathy）、姿态（attitude）、灰度（gray level）；水流计数据包括标识（ID）、流速（current speed）、位置（direction）；水质仪数据包括标识（ID）、温度（temperature）、盐度（salinity）、浊度（turbidity）；站位数据包括标识（ID）、经度（1ongitude）、维度（dimen sion）、类型（type）；监测目标数据包括标识（ID）、含煤雨污水（coal-containing rainwater）、含油雨污水（oily-containing rainwater）、生活污水（domestic sewage）、压舱水（ballast water）；监测要素数据包括标识（ID）、数量（quantity）信息。

以本体开展的港口雨污水资源化利用监测数据采集系统构建，如何实现将碎片化的文本数据、图片数据、地理信息数据等进行归一化存储，目前国内外学术界尚未形成行之有效的可靠模式。基于此，本节开展了相关研究，以实体关联线索为基础的可达性分析模型、模式匹配模型、聚类分析模型为主要的分析手段，开发设计了港口雨污水资源化利用监测预警数据采集多维实体关联模型及采集监测数据存储表，多维实体关联模型如图5.8所示。

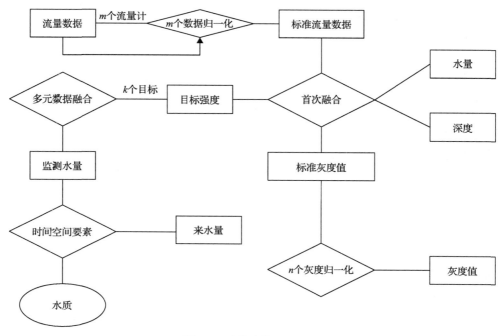

图 5.8　多维实体关联模型

5.3.4　数据预处理

1. 监测数据清洗原则

监测数据处理的主要任务是过滤或修正不符合要求的数据。通过数据采集及分类的方法建立港口雨污水资源化利用监测数据库，如何在海量监测数据中优选和提取有用数据，需要对数据进行清洗，这也是数据处理过程中的一个重要环节。

监测数据的清洗主要是对不符合要求的数据进行处理，主要包括三类问题：缺失数据、重复数据和错误数据。数据清洗的研究始于 20 世纪 50 年代，由美国学者率先开展。数据清洗方法包括基于贝叶斯理论的线性插补法、RRAR法、利用关联规则的插补 MVC 法，以及结合非频繁项信息的 Frcar 方法等。国内外学者在该领域的研究主要集中在：缺失与重复数据检测及处理、检测异常数据并处理、监测数据噪声的过滤与处理等。在港口雨污水资源化利用监测过程中，采用水量、水位等会存在盲区、干扰等情况，因而缺失数据的监测及处理、噪声过滤最为重要[101]。

2. 监测数据清洗方法

(1)采用离差法修正异常值。

在港口雨污水资源化利用监测过程中，由于监测对象复杂，比如雨污水的监测过程，极易受到干扰，导致监测数据异常偏大。因此如何有效克服监测过程中数据的异常偏大或者异常偏小难题，这在数据实际记录中非常难以实现，故而需要对异常数据进行处理。其中，离差法是一种十分有效的异常数据处理方法。首先假设港口可回用水资源呈均匀分布，当水量突然变化时，则下一时刻的数据应保持一致或呈现具有明显变化趋势的特征。采用水量、水位系统分别对同一区域的港口雨污水进行监测，如果发现监测前后出现较大偏差，则认为该监测数据发生异常的概率较大。设定监测中心时刻为 d，前一时刻称作左离差，记为 $\Delta dL(k)$，且：

$$\Delta dL(k) = d(k) - d(k-1) \tag{5.1}$$

后一时刻称作右离差，记为 $\Delta dR(k)$，且：

$$\Delta dR(k) = d(k) - d(k+1) \tag{5.2}$$

则离差 $\Delta d(k)$ 为

$$\Delta d(k) = \Delta dL(k) + \Delta dR(k) \tag{5.3}$$

式(5.1)～式(5.3)中，$d(k-1)$、$d(k)$、$d(k+1)$分别为 k–1 时刻、k 时刻、k+1 时刻的监测值。

利用离差变化 $\Delta d(k)$ 大小来判断监测数据是否存在异常，判断标准如下：

第一步：令窗口标准差为 $\hat{\sigma}$。

第二步：计算窗口标准差为 $\hat{\sigma}$，计算公式为

$$\hat{\sigma} = \frac{1}{2N} \sum_{j=-N}^{N} \sqrt{\left[d(k-j) - \bar{d}(k) \right]^2} \tag{5.4}$$

式中，N 为监测窗口大小；$\bar{d}(k)$ 的表达式为

$$\bar{d}(k) = \frac{1}{2n+1} \sum_{j=-N}^{N} d(k-j) \tag{5.5}$$

其中，n 为监测窗口中实际有效的数据点数。

第三步：当 $\Delta d(k) > 4\hat{\sigma}$ 时，则认为 k 时刻的监测值异常。

(2) 采用滤波法过滤监测噪声。

由于监测数据的变化存在周期性和季节性，同时加之温度、潮汐、富营养化等因素常常规律难以确定，再加上短时天气或气候的影响，监测过程受到外界干扰极其严重，监测过程会出现时期性的监测误差，产生具有不确定性的异常值。由于传统的线性滤波对连续性及不确定性的异常值信息呈现出来的不敏感性，在处理异常值的过程中难以保留细节信息，并难以达到数据的异常值噪声过滤要求，因而采用非线性滤波的方式实现。目前最常用的非线性滤波模型包括最小值滤波模型、中值滤波模型和基于序统计的 L 滤波模型等，基于港口雨污水资源化利用监测体系特点，本节主要考虑采用最小值滤波模型和中值滤波模型。

其中，小值滤波模型公式为

$$d(k) = \text{miniumn}\{d(k-N),\cdots,d(k),\cdots,d(k+N)\} \qquad (5.6)$$

式中，$d(k)$ 为监测过程中 k 时刻的监测值；$\{-N,\cdots,0,\cdots,N\}$ 为监测数据滤波窗口，窗口长度 $L=2N+1$；miniumn 函数为取序列数中的最小值。

其中，中值滤波模型的公式为

$$\hat{d}(k) = \text{mediumn}\{d(k-N),\cdots,d(k),\cdots,d(k+N)\} \qquad (5.7)$$

式中，mediumn 函数为取序列中值。

5.3.5　数据挖掘技术

数据挖掘是从大量的、不完全的、有噪声的、模糊的、随机的数据集中识别有效的、新颖的、潜在有用的，以及最终可理解的模式的非平凡过程。它是一门涉及面很广的交叉学科，包括机器学习、数理统计、神经网络、数据库、模式识别、粗糙集、模糊数学等相关技术。

数据挖掘的技术，可分为统计方法、神经网络方法和数据库方法。统计方法，可细分为回归分析(多元回归、自回归等)、判别分析(贝叶斯判别、CBR、遗传算法、贝叶斯信念网络等)。神经网络方法，可细分为前向神经网络(BP 算法等)、自组织神经网络(自组织特征映射、竞争学习等)等。数据库方法主要是基于可视化的多维数据分析或 OLAP 方法，另外还有面向属性的归纳方法。

数据挖掘是通过数据分析发现了一些有用的信息，并可以指导行动。目前数据挖掘的工作很多是通过机器学习提供的算法工具实现的。

数据挖掘的任务主要是关联分析、聚类分析、分类、预测、时序模式和偏差分析等。

数据挖掘过程主要有数据清理、数据变换、数据挖掘实施过程、模式评估和知识表示五个步骤。

5.4 本 章 小 结

本章基于港口雨污水资源化利用的关键控制节点与流程识别，采用聚类分析方法开发设计了港口水源多要素特征实体关联模型与监测数据存储表，结合物联网、动态规划等技术，构建了煤/矿石污水、含油污水、生活污水、压舱水等各类水源多源异构监测数据融合规范与异常数据校正方法，开发了基于三维可视化交互层的"来水—净水—储水—调水—用水"一体化智慧管控平台，实现了多元信息全覆盖、跨部门协同联动的散货港口雨污水资源化高效利用智能动态管控。

6 散货港口雨污水智能处理与资源化高效利用工程应用

6.1 应用工程一：北方某沿海港口生活污水和油污水处理厂

6.1.1 项目概况

污水处理厂处理能力 2000m³/d，占地 15144.5m²，包括污水储存调节系统、污水处理系统、污泥处理系统、供配电系统、自动控制系统及办公楼等附属设施。

考虑到初期污水量远达不到设计水量及污水处理厂设备检修问题，污水处理厂内的混凝沉淀、生化处理、深度处理均按照两个并行单元考虑，单个单元的设计处理能力为 1000m³/d，两个并行单元可同时运行，也可单独运行。

设计进水水质：包括港区含油污水和生活污水，进水水质分别如表 6.1 和表 6.2 所示。

设计出水水质：出水全部回用，回用于港口喷洒煤堆场等生产用水时，水质满足《煤炭矿石码头粉尘控制设计规范》(JTS/T 156—2015)标准要求，回用于绿化等辅助用水时，水质满足《城市污水再生利用 城市杂用水水质》(GB/T 18920—2020)中要求。

表 6.1 含油污水进水水质

序号	项目	单位	数值
1	COD_{Cr}	mg/L	400～800
2	BOD_5	mg/L	150～300
3	SS	mg/L	50～200
4	氨氮	mg/L	1.0～2.6
5	总磷	mg/L	0.5～1.0
6	石油类	mg/L	15～30

表 6.2 生活污水进水水质

序号	项目	单位	数值
1	COD_{Cr}	mg/L	150～300
2	BOD_5	mg/L	50～120
3	SS	mg/L	50～100
4	氨氮	mg/L	5～15
5	总磷	mg/L	0.5～2.0

6.1.2 污水处理工艺

根据进水水质特征、出水水质要求，前期小试、中试实验结果，选择处理工艺：斜板隔油+混凝沉淀+水质调节+水解酸化+膜生物反应器（MBR）+超滤（UF）+反渗透（RO）。该工艺具有很强的针对性，不仅确保污染物的去除效率，也有利于污水资源化。

1. 一级处理工艺

污水处理厂处理的污水分为两类：一类为船舶压舱水和洗舱水，另一类为码头罐区的生产生活污水。这两类污水均先进行预处理后再进行后续生化处理。除油预处理采用"斜板隔油+混凝沉淀"的处理工艺，处理后的污水进入调节池。

船舶压舱水、洗舱水和厂区综合污水先由污水提升泵提升进入污水储存罐静沉，污水储水罐如图 6.1 所示。沉淀下来的油污泥排入油泥池处理，污水排入斜板隔油池进行处理。污水储存罐三座，轮流运行，由于污水需要进行静置48h，为及时接收靠港船舶的含油污水，还需预留 2000m³ 的库容量，因此污水储存罐的库容量设为 6000m³。

图 6.1 污水储水罐

　　经过斜板隔油处理的污水进入混凝沉淀间内进一步去除污水中的乳化油。斜管沉淀池分为两组，碳钢制作，与混合反应池合建，混合反应池与斜管沉淀池如图 6.2 所示，加药成套设备如图 6.3 所示。

图 6.2　混合反应池与斜管沉淀池

图 6.3　加药成套设备

　　由于含油污水来水量极不均匀，且部分含油污水来源于海水压舱水，为保证生化系统的正常运行，减小高含盐分污水对生化系统的冲击，特单独建设有效容积约为 2000m³ 的水质调节池。该调节池的主要作用是对水质水量进行调节，以及实现船舶污水和陆域生产生活污水的充分混合，减小所处理污水含盐量的波动。

　　2. 二级处理工艺

　　二级生物反应污水处理采用"水解酸化+膜生物反应器"工艺。水解-好氧生物处理工艺作为传统好氧工艺的替代工艺，不但应用于城市污水处理，并且在不同的工业废水处理中也得到了应用。水解酸化就是在厌氧条件下，将污水中存在的复杂大分子有机物转变为低分子量的溶解性化合物，提高污水中溶解性有机物比例。

调节池的污水通过污水提升泵提升进入生化处理单元，生化处理单元主要有缺氧池和膜生物反应池两个部分，设计为两套并行系统。缺氧池进行封闭处理，缺氧池内运行中产生的恶臭气体集中收集后由烟囱进行排放；生化处理池内设置膜组件清洗池，设备间内安装电动单梁悬挂起重机对膜组件进行起吊运输。

3. 深度处理工艺

采用"UF+RO"的处理工艺进行深度处理，进一步去除二级处理未能脱除的污染物质，包括残留的微细颗粒物、溶解性有机物、无机盐类（如氮、磷、重金属等）、色素、细菌、病毒等。超滤应用范围广，凡溶质分子量为1000～500000Da[①]或溶质尺寸大小为0.005～0.1μm，都可以利用超滤技术进行分离。反渗透是当咸水一侧施加的压力 P 大于该溶液的渗透压 π，可迫使渗透反向，实现反渗透过程。

深度处理单元包括超滤和反渗透，设计为两套并行系统。在污水处理系统的进水端和出水端均设置水质监测系统对进出水水质进行监测，以便调整污水处理设施的运行状况。

4. 污水消毒工艺

根据回用水质的要求，污水处理厂出水需要消毒。采用二氧化氯消毒，在碱性环境中使用杀菌效果好，不与氨反应生成效率低的氯胺，与水中有机物反应性低，不易被水中有机物消耗。

深度处理后的出水投加二氧化氯后进入消毒水池进行充分接触消毒处理，配备1台二氧化氯发生器（产氯量500g/h）。

5. 污油、污泥处理工艺

污水处理过程涉及污油、含油污泥和生物污泥的处置。前处理单元产生的污油自流进入污油池，污油池的污油由污油泵提升进入污油储存罐储存，定期

---

① 1Da=1u=1.66054×10⁻²⁷kg。

外运处理；斜板隔油、混凝沉淀部分产生的含油污泥自流进入油泥池，油泥池的油泥通过油泥泵提升进入晒泥场进行干化处理，干泥定期外运外委集中进行无害化处理。缺氧池和 MBR 生化处理产生的污泥进入储泥池，通过污泥泵泵入污泥浓缩脱水一体机进行浓缩脱水处理，浓缩后的污泥外运处理。

6. 工艺自动化控制

对斜板隔油池、混凝沉淀间、水质调节/回用水池、MBR 池中的关键设备进行了自动化控制，实现了工程高效化管理。斜板隔油池控制界面、混凝沉淀间控制界面、调节池与回用水池控制界面和 MBR 控制界面分别如图 6.4～图 6.7 所示。

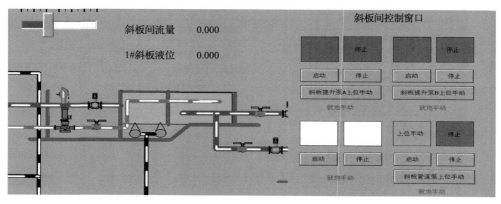

图 6.4　斜板隔油池控制界面

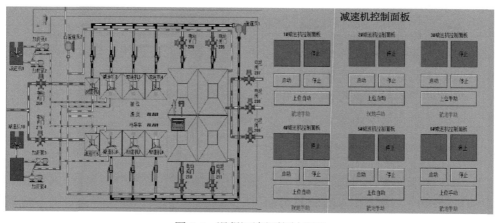

图 6.5　混凝沉淀间控制界面

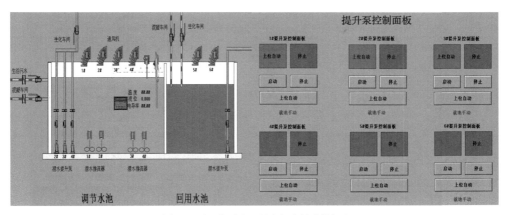

图 6.6 调节池与回用水池控制界面

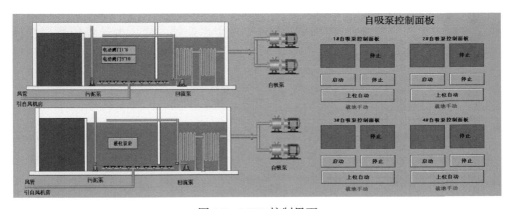

图 6.7 MBR 控制界面

6.1.3 资源化利用

污水处理后可回用于港口喷洒煤堆场、绿化等，由于不同用途时污水回用水质要求存在差异，因此实行分质供水，降低污水处理厂运行成本。回用于洒煤时水质要求不高，膜生物反应器的出水经过消毒后即能达到使用要求；回用于绿化等其他用途时，经过深度处理再回用。

为保证持续供给回用水，设一座 1000m³ 的回用水池。膜生物反应器的出水端设置水质监测系统对出水水质进行监测，如果出水能够满足设计标准，则污水直接进入消毒池进行消毒后入回用水池；如果水质指标不能满足设计标准要求，则利用出水进入深度处理单元对其进行深度处理。

6.2　应用工程二：北方某沿海港口油污水处理系统改造工程

6.2.1　项目概况

原含油污水处理系统主要采用斜板隔油和气浮作为主体工艺，设计日处理能力 3600m³，设计出水含油量小于 10mg/L，主要用于接收到港船舶排放的含油压舱水、洗舱水和南疆港石化小区排放的含油生产废水。经过多年运行，原含油污水处理系统已不能满足国家和地方的环保要求，亟须改造。

设计进水水质：要求部分污染严重的排放单位对废水处理达到 COD 小于 500mg/L 后再排放至处理中心集中处理。

设计出水水质：达到《煤炭矿石码头粉尘控制设计规范》(JTS/T 156—2015) 的标准时，大部分有条件的回用至煤码头除尘作业等工序，少量经超滤深度处理后达到《城镇污水处理厂污染物排放标准》(GB 18918—2002)中规定的一级标准中的 B 标准后排海。

6.2.2　污水处理工艺

该泊污水处理系统改造及完善工程采用了"水量调节+斜板隔油+混凝沉淀+水质调节+水解酸化+膜生物反应器(MBR)+活性炭吸附+超滤"的生化与物化相结合的处理工艺，设计处理能力 3600m³/d。天津港南疆油污水处理中心如图 6.8 所示。

1. 混凝沉淀

原有斜板隔油池出水 COD 为 400～800mg/L，出水 BOD 为 150～300mg/L，BOD/COD 值为 0.3～0.4，属于可生化废水范围。改造中设置了混凝沉淀工艺替代原有气浮工艺，经过混凝沉淀后废水在有效去除大部分乳化态的油类过程

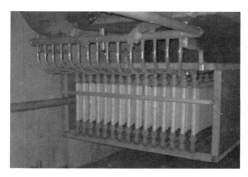

图 6.8　油污水处理站

中，可以部分去除污水中的 COD，出水 COD 为 200～400mg/L，BOD/COD 值为 0.4～0.5，污水的可生化性得到了一定程度的提高，有利于后续生化处理。

2. 水质调节

污水处理生化系统对进水含盐量和有机负荷较为敏感。污水的含盐量主要来自于海水压舱水的排放和罐区排水总干管的海水渗入，在进水含盐量小于 8000mg/L 的情况下，生化系统能够稳定运行，出水能够达到设计标准；生物反应器的设计进水 COD 为 800mg/L，罐区内含油废水 COD 含量较高，需要待处理的压舱水和生活污水进行混合稀释以达到设计进水水质。

因此，针对进水含盐量和有机负荷对生化系统的冲击问题，单独设计了水质调节池，利用港区内生活污水和淡水压舱水对高含盐量的压舱水进行稀释、均质，同时通过混合稀释降低污水有机负荷。在调节池的进水口、出水口均设置在线含盐量分析仪，分析结果与生化系统的进水系统形成逻辑自锁，充分保证进入生化系统的废水含盐量稳定，确保生化系统稳定运行。

3. 水解酸化

水解酸化技术利用水解和产酸微生物，将污水中的固体、大分子和难以生物降解的有机污染物降解为易于生物降解的小分子有机物。这一过程使得污水在后续的好氧单元在较少的能耗和较短的停留时间内得到高效处理。将水解酸化装置应用于大规模生产时，配水系统需把待处理废水均匀地分配到整个水解酸化装置，使有机物能够在反应区内均匀分布。如果配水不均，水解酸化装置中形成污泥死区和短路现象，引起污泥上浮，从而影响处理效果。因此，配水系统的均匀性是保证水解酸化池正常运行的重要因素，也是提高装置容积利用率的关键。

研究发明了一种用于水解酸化污水处理装置的配水系统。该配水系统能够确保各单位面积的配水量基本相同、配水均匀分布，且施工安装方便、运行管理简单，便于维护操作。

配水系统包括进水干管1、配水槽2、配水支管3、配水短管4、气冲短管6及球阀7，进水干管1与配水槽2相连。配水槽2上连接有多根配水支管3，每根配水支管3上都均布有若干组配水短管，每组配水短管包括2～5根射流方向与铅垂线呈30°～60°且均匀分布的配水短管4；每两根相邻配水支管3上的首尾配水短管组相互衔接形成一管多点结构的重构结构，将水解酸化污水处理装置沿池宽分割为若干个小室：其中一根配水支管3负责小室首段配水，另外一根配水支管3负责小室尾段配水。污水经进水干管1流入配水槽2，通过三角堰8平均分流于各配水支管3，通过配水短管4流向池底所设的反射锥体，射流向四周散开，均匀分布于池底。配水支管3上设有流量调节阀和气冲短管6。在本实例中流量调节阀采用对夹手动蝶阀5，用于调节各配水支管3污水流量。气冲短管6上设有球阀7，用于排放配水支管累积的气体；同时当部分孔口发生堵塞时，可通过气冲短管进行气顶反冲。配水系统如图6.9所示。

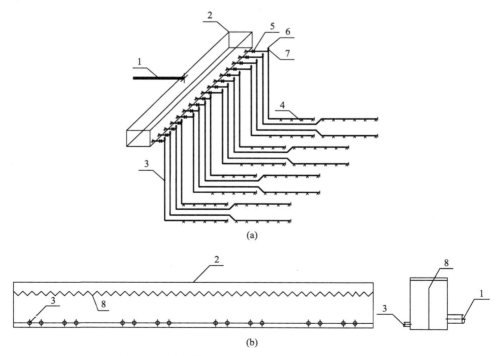

(a)

(b)

图6.9　配水系统图(a)和配水槽正视图与侧视图(b)

1.进水干管；2.配水槽；3.配水支管；4.配水短管；5.对夹手动蝶阀；6.气冲短管；7.球阀；8.三角堰

4. 深度处理

当出水回用于港区内喷淋抑尘用水时，采用活性炭吸附作为三级深度处理工艺，活性炭吸附罐形式，出水水质达到《煤炭矿石码头粉尘控制设计规范》（JTS/T 156—2015）规定的标准。

当系统出水不能全部回用需要排放时，采用超滤膜作为深度处理工艺，设计超滤日处理量 600t，出水水质根据环保部门的要求达到《城镇污水处理厂污染物排放标准》（GB 18918—2002）中规定的一级标准中的 B 标准。

6.2.3 资源化利用

膜生物反应器的出水端设置水质监测系统，当出水标准达不到回用标准时，则进入活性炭过滤罐进行深度处理。经活性炭吸附罐处理后出水，根据在线监测结果判断：若水质达标，则输送至回用水池；若仍不达标，则回流至调节池进一步处理，从而保证了废水处理的达标回用。

6.3 应用工程三：北方某沿海港口生活污水处理设施改扩建工程

6.3.1 项目概况

原污水处理中心主要用于接收部分生活污水和少量生产废水，系统采用以氧化沟为主的生化处理工艺，设计处理能力 2000m³/d。改扩建后全部污水收集后排入污水处理厂处理，设计收水量 4000m³/d。

设计进水水质：结合原有监测数据确定新建处理工程进水水质指标如表 6.3所示。

表 6.3 新建处理工程进水水质

水质指标	指标值
化学需氧量（COD_{Cr}）	450mg/L
生化需氧量（BOD_5）	190mg/L
悬浮物（SS）	220mg/L
氨氮（$NH_3\text{-}N$）	35mg/L
总氮（TN）	45mg/L

续表

水质指标	指标值
总磷(以P计)	4mg/L
溶解性总固体(TDS)	3500mg/L

设计出水水质：出水回用时，水质达到《城市污水再生利用 城市杂用水水质》（GB/T 18920—2020)中的城市绿化、道路清扫、消防用水标准；出水排放时，根据环保部门和业主的要求水质达到《城镇污水处理厂污染物排放标准》（GB 18918—2002)中规定的一级标准中的 A 标准。

6.3.2 污水处理工艺

污水处理工艺流程为"旋流沉砂+平流沉淀+A/O 反应池+膜生物反应池+中间水池+深度处理(UF+RO)"。由于常规的二级生化处理的去除目标是有机污染物，对污水中同时存在的氮、磷营养物只能通过生物合成去除一部分，通常去除比例为 BOD∶N∶P=100∶5∶1。本研究进水中氮磷的浓度较高，经普通二级生化处理后残存的氮、磷高于出水指标，不能满足排放要求。因此采用具有污水生物脱氮功能的 A/O 工艺，综合考虑实际情况采用化学法除磷，在初沉池设置化学加药系统进行化学混凝沉淀除磷，考虑到在初沉池投加混凝剂去除磷酸盐的同时会去除一部分 BOD，可能影响反硝化工艺的正常运行，因此在加药间内同时配备人工投加碳源的设备。

6.3.3 资源化利用

港区每年用于绿化、道路清扫等方向的水量约 50 万 t，污水处理后出水水质达到《城市污水再生利用 城市杂用水水质》（GB/T 18920—2020)中的城市绿化、道路清扫、消防用水标准时，可代替自来水在港区内进行回用，实现港口水资源循环利用。

6.3.4 环境经济效益

1. 成本核算

污水处理系统经改造的运行成本主要包括动力费、药剂费(预处理药剂费和污泥处置用药剂费等)、人工费(管理及维护、作业人员工资、福利待遇等)、设备设施维护费、分析化验费等(表 6.4)。按照处理量 4000m³/d 计算，其中深度处理部分按照 2000m³/d 计算，年运行 360 天。

表 6.4　运行成本分析

费用项目	费用/万元	计算指标
动力费	259.2	运行容量按照 300kW 计，电费考虑为 1 元/(kW·h)
药剂费	113.88	详见表注
设备设施维护费	45.0	每年按设备总投资的 3%计算，设备总投资按 1500 万元计算
污泥处置费	18.0	填埋方式，每天按照 500 元计算
人工费	76.8	污水厂操作人员定员 16 人，每人每月工资福利按 4000 元计算
分析化验费	18.0	每天按照 500 元计算
费用总计		530.88 万元（吨水处理成本 3.68 元）

药剂费包括：

①混凝剂——聚合氯化铝（PAC）：主要应用于平流沉淀池，投加量按照 100mg/L 计算，年用量 144t，每吨价格按照 4000 元计算，年费用为 57.6 万元。

②助凝剂、污泥浓缩剂——聚丙烯酰胺（PAM）：主要应用于平流沉淀池和污泥脱水间。用于平流沉淀池投加量按照 5mg/L 计算，年用量 7.2t，每吨价格按照 40000 元计算，年费用为 28.8 万元。用于污泥脱水间的投加量较小年费用约为 1.2 万元。

③超滤反渗透用阻垢剂：投加量按照 6mg/L 计算，处理量按照 2000m³/d 计算，年用量 4.32t，每吨价格按照 40000 元计算，年费用为 17.28 万元。

④超滤反渗透用杀菌剂：运行过程中通过计量泵连续加入进水，加入量为 400mg/L，约两周加入 1 次，每次 30min。杀菌剂年用量约为 1t，每吨价格按 45000 元计算，年费用为 4.5 万元。

⑤超滤反渗透用清洗剂：年用量约为 1t，每吨价格按 45000 元计算，年费用为 4.5 万元。

2. 环境经济效益

每年可收集处理污水约 140 万 t，经处理后的污水不仅可以减少向海域排放的污染物总量，还可以提供高品质的杂用水。每年用于绿化、道路清扫等方向的用水量约 50 万 t，采用经深度处理的杂用水代替自来水，可有效节约水资源，降低港区用水成本，具有显著的环境效益和经济效益。

6.4　应用工程四：南方某内河港口生产污水处理设施改造工程

6.4.1　项目概况

港区主要作业货种有化肥、钢材、硫磺、氯化钾、元明粉、木薯干、矿石、锂辉石、钛矿、石油焦等 20 余类，主要污水来源如表 6.5 所示。改造工程前，港区码头面和场地已建有雨污水收集管道及两座初期雨水收集池，总有效池容

约为 $11000m^3$，污水处理工艺为调节池→一体化处理设备(斜板沉淀池)→清水池，出水水质不稳定，达标率较低。

表 6.5　港区主要污水来源

区域	分类	主要污水类型
码头面和场地	平时	雾炮降尘和道路冲洗等产生的污水
	降雨时	径流污水
洗车和篷布清洗	硫磺车辆	含硫磺污水
	其他车辆	含尘污水(含磷)

改造工程包括污水分区收集改造和分质处理及提标改造，结合港口污水高效处理、管网优化和智能动态调控技术及系统等确定改造方案如下：

(1)污水分区收集改造：进行污水分区收集，根据进水水质差异改造污水收集管网，码头面和场地雨污水收集至雨水收集池，洗车和篷布清洗污水收集至原有调节池。

(2)污水分质处理及提标改造：根据径流污水、洗车和篷布清洗水的水质不同，采用分质处理，根据港区回用水水量需求分析，平时收集的洗车和篷布清洗水经收集处理后回用于洗车和篷布清洗，降雨时收集的径流污水经处理后纳管排放。

初期雨污水处理设计规模大于 $1000m^3/d$(具备最高达 $4000m^3/d$ 处理能力)，生产设备清洗废水及洗扫水(高浓度废水)处理设计规模 $65m^3/d$。

设计进出水水质如表 6.6 和表 6.7 所示。

表 6.6　设计进水水质

水质指标	COD/(mg/L)	NH$_3$-N/(mg/L)	TN/(mg/L)	TP/(mg/L)	pH
径流污水	40	30	65	40	6～9
洗车和篷布清洗水	60	220	250	500	6～9

表 6.7　设计出水水质

水质指标	COD/(mg/L)	BOD/(mg/L)	NH$_3$-N/(mg/L)	TN/(mg/L)	TP/(mg/L)	pH
径流污水处理出水水质	500	350	45	70	8	6～9
洗车和篷布清洗水处理出水水质	—	10	8	—	—	6～9

6.4.2　污水处理工艺

1. 处理工艺流程

工艺流程如图 6.10 所示，污水处理系统按两种设计进水水质，两种出水水质运行，其中高密度 HBR 一体化处理设备 2 在运行中需要根据运行模式进行切换，因此设计有三种运行状态，包括正常运行、旱季运行、清空运行，其流程如图 6.11 所示。正常运行状态为刚下完雨，雨水收集池有大量存水需要处理的状态；旱季运行状态下，雨水收集池没有存水，利用雨水清水池补充到缓冲调节池，用于处理后的内部回用；清空运行模式为运行需要，需紧急排放雨水清水池，腾空池容。

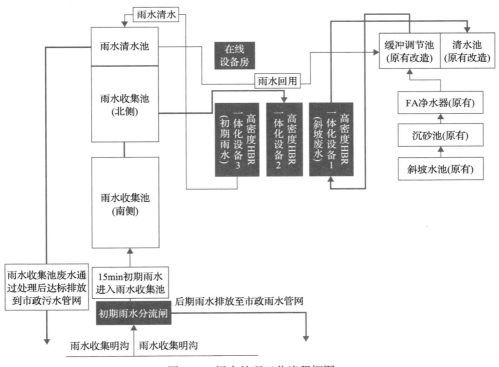

图 6.10　污水处理工艺流程框图

2. 高密度 HBR 工艺

高密度 HBR 工艺是生化专用处理工艺，中文名为高密度流动床生物膜反应器（图 6.12）。

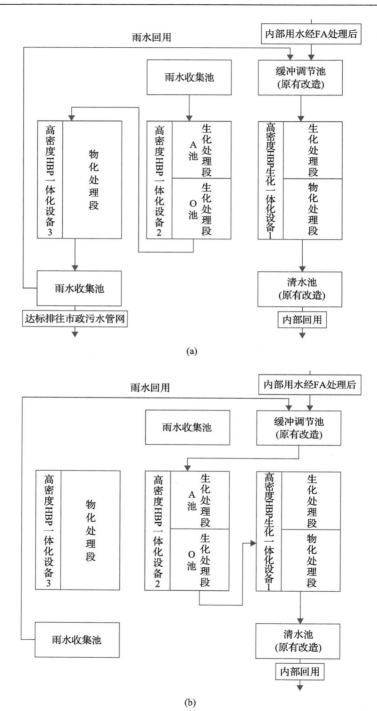

(a)

(b)

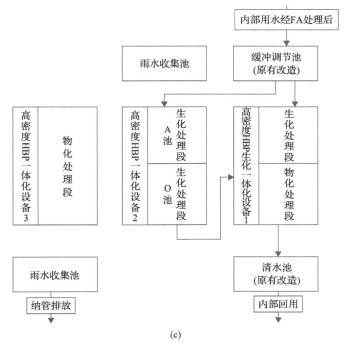

(c)

图 6.11 正常运行(a)、旱季运行(b)及清空运行(c)模式下的工艺流程

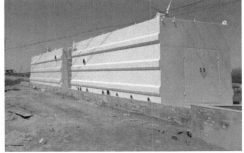

图 6.12 高密度流动床生物膜反应器

生物流化床工艺原理是通过向反应器中投加一定数量的悬浮载体,提高反应器中的生物量及生物种类,从而提高反应器的处理效率。由于填料密度接近于水,所以在曝气时,与水呈完全混合状态,微生物生长的环境为气、液、固三相。载体在水中的碰撞和剪切作用,使空气气泡更加细小,增加了氧气的利用率。另外,每个载体内外均具有不同的生物种类,内部生长一些厌氧菌或兼氧菌,外部为好氧菌,这样每个载体都为一个微型反应器,使硝化反应和反硝化反应同时存在,从而提高了处理效果。

生物流化床工艺使用的填料是一种聚乙烯中空填料，孔径为 3～4mm，结构上的优化设计，既能保证足够的表面积（≥800m²/m³），又能保证每一处的表面积均能生长微生物膜，并且在合适的反应器中还能确保每一处的微生物膜的表面有合理的水力剪切力，确保了生物膜和污水中的有机物和溶解氧交换，达到处理效率最优化。

常规的移动床反应器设计，最常见的问题就是填料堆积，导致大部分填料不参与生化反应甚至生物膜脱落，彻底失去反应能力，因此我们在反应器的设计上，充分考虑微生物反应动力学和流体力学等因素，让反应器内所有的填料被充分搅动起来，真正实现流化状态，提高反应效率。

高密度 HBR 工艺的主要特点：①处理负荷高，抗冲击能力强；②氧化池容积小，降低了基建投资；③不需要污泥回流设备和反冲洗设备，减少了设备投资，操作简便，降低了污水的运行成本；④污泥产泥率低，降低了污泥处置费用；⑤不需要填料支架，直接投加，节省了安装时间和费用。

（1）斜坡水池废水高密度 HBR 系统。

生化池设计：按处理水量 65m³/d 设计，进水氨氮为 220mg/L，出水氨氮要求处理到 8mg/L，总的氨氮去除量为 13.78kg。按处理水量 65m³/d 设计，进水 COD 为 60mg/L，出水 COD 要求处理到 20mg/L，总 COD 去除量为 2.6kg。根据生物化学反应最低需求，另投加葡萄糖约 15kg/d。设计采用高密度 HBR 一体化设备，生化系统尺寸 10m×3m×3m，有效容积 80m³，最高氨氮处理能力 30kg/d，最高 COD 去除能力 100kg/d（出水达到地表Ⅳ类水质标准）。

曝气系统设计：设计曝气风机供气量为 8m³/min。

混凝沉淀设计：设计处理能力按 65m³/d 设计，混凝反应池尺寸 1m×1.5m×3m，数量 2 台；混凝沉淀池尺寸 3m×2m×3m，数量 1 台。

高密度 HBR 一体化设备总外形尺寸为 15m×3m×3m。

（2）雨水收集池废水高密度 HBR 系统。

高密度 HBR 生化一体化设备：设计 HBR 生化系统设备尺寸 11m×3m×3m，有效容积 85m³。最高总氮降解能力 20kg/d，氨氮降解能力 20kg/d。根据纳管排放指标总氮 70mg/L、氨氮 45mg/L 的指标要求：当总氮≤75mg/L、氨氮≤50mg/L 时，日处理能力为 4000m³，并可保证出水达标；当总氮≤80mg/L、氨氮≤55mg/L 时，日处理能力为 2000m³，并可保证出水达标；当总氮≤90mg/L、氨氮≤65mg/L 时，日处理能力为 1000m³，并可保证出水达标。高密度 HBR 一体化生化设备总外形尺寸为 13m×3m×3m，数量 1 台。

高密度 HBR 物化一体化设备：气浮池设计最高处理能力 $Q=4000m^3/d$，数量 1 台。配套设备包括加药装置 2 套,叠螺机 1 台。高密度 HBR 一体化物化设备总外形尺寸为 13m×3m×3m,数量 1 台。

3. 初期雨水分流闸

设计将初期雨水和后期雨水分流,应设一套分流闸门,分别引导初期雨水和后期雨水分流至初期雨水收集池和市政雨水管网。在雨水管网进入初期雨水池之前建一个闸门池,并配置两台自动闸门。正常情况下,闸门关闭;当暴雨发生时,闸门池内水位上升,触发液位浮球,进入雨水收集池的 1#闸门开启并开始计时。15min 后计时结束,排放雨水进入市政雨水管网的 2#闸门打开,1#闸门关闭,初期雨水收集结束,后期雨水排入市政管网。

6.4.3 资源化利用

生产设备清洗废水及洗扫水(高浓度废水)处理后出水达到《城市污水再生利用 城市杂用水水质》(GB/T 18920—2020)的要求,处理后全部回用。降水量较少的旱季,雨水从清水池补充到缓冲调节池用于处理后的内部回用;当降水量较大时,雨水收集到雨水收集池,处理后出水水质达到《污水排入城镇下水道水质标准》(GB/T 31962—2015)的要求后,纳管排放。

6.4.4 环境经济效益

1. 成本核算

1) 斜坡水池废水处理运行成本

(1) 药剂费 E_1。

PAC:0.6 元/t;PAM:0.2 元/t;葡萄糖:1.2 元/t;碳酸钠:9.97 元/t。

药剂费总计:E_1=0.6+0.2+1.2+9.97=11.97 元/t。

(2) 电费 E_2。

电费吨水能耗 E_2=6.5 元/t。

(3) 污泥处置费 E_3。

吨水平均产泥量约为 1.84kg(绝干量)/9.23kg(泥饼)。

PAM 消耗量 E_3=0.22 元/t 水。

直接成本 ΣE=18.69 元/t 水,即为 1214 元/d,44.3 万元/a。污泥处置费按每吨 320 元计,年费用为 7 万元。

2) 初期雨水池废水处理成本

(1) 药剂费 E_1。

PAC：2.0 元/t；PAM：0.2 元/t。

药剂费总计：E_1=2.2 元/t 水。

（2）电费 E_2。

电费吨水能耗约为 0.35 元/t 水。

（3）污泥处置费 E_3。

吨水平均产泥量约为 1.0kg（绝干量）/5.0kg（泥饼）；PAM 消耗量约为 0.12 元/t 水。

直接成本约为 $\sum E$=2.67 元/t 水，即为 10680 元/d，按年总处理雨水量 5 万 t 计，则年总费用约为 13.35 万元。污泥处置费按每吨 320 元计，年费用为 8 万元。

2. 环境经济效益

结合现场生产需求对厂区进行了场地布局调整、设施改造及必要的新建工程，实现了初期雨水和斜坡水池中的生产废水分类收集和处置，并对原有污水站工艺进行了优化升级。通过这一系列措施，斜坡水池的生产废水通过处理实现了回用；初期雨水通过处理作为生产回用水的补充用水，多余部分纳管排放。该方案实现了初期雨水和后期雨水的分质收集，并结合两股水的特点进行分质处理，有效减少了雨水收集池处理总量，显著降低了雨污水处理运行费用。通过雨污水处理回用，大大减少了长江取水，极大地降低了取水费用和纳管费用，具有显著的环境效益和经济效益。

6.5　本　章　小　结

本章介绍了散货港口多类异质雨污水高效处理和资源化利用技术在部分港口的含尘污水、含油污水和生活污水处理和回用工程中得到应用，提升了散货港口多类异质雨污水处理效率，降低了污水处理厂运行成本，不但减少了向环境中排放的污染物总量，有效解决了港口运营中的水污染问题，还向港区提供了符合回用标准的再生水，有效节约了水资源，降低港区用水成本，促进了水资源的循环利用与节水减排，具有显著的环境和经济效益。

7 结论与展望

7.1 结 论

当前我国环境治理已由基本解决污染问题进入污染物资源化循环利用发展阶段，本书以提升散货港口环境保护及雨污水资源化利用水平，建设可持续发展港口为总体目标，围绕港口雨污水智能处理与资源化高效利用中的瓶颈难题，建立了散货港口雨污水产生源强及多途径资源化利用理论，详细介绍了多类异质雨污水高效处理及智能调控技术、资源化利用智能监控及优化调度技术等关键技术，以及基于三维可视化交互层的"来水—净水—储水—调水—用水"一体化智慧管控平台，实现了多元监测信息全覆盖、跨部门协同联动的散货港口雨污水资源化高效利用智能动态管控。

(1)散货港口雨污水产生源强及多途径资源化利用理论。

揭示了不同降雨强度不同下垫面影响下港口初期雨水污染特征，建立了考虑初期雨水的港口煤污水/矿石污水产生量计算模型；提出了船舶类型、靠港时间、船舶定员等多参数影响下船舶水污染物上岸接收量计算方法，建立了考虑船舶水污染物上岸接收的港口油污水、生活污水产生量计算模型；研究了船舶随机到离和装卸作业等不确定场景影响下压舱水水质水量多维特征的变化规律，建立了压舱水接收与装卸作业协同的压舱水接收量精准预测模型。提出了适应港口内部水循环的生产用水、辅助用水、景观用水等不同回用用途水质需求的分类型水质标准，系统分析对比了不同类型污水回用工艺的处理效果与建设运维成本，提出了适应不同类型雨污水水质特征的资源化利用工艺流程。

(2)散货港口多类异质雨污水高效处理及智能调控技术。

解析了不同反应条件下港口煤/矿石污水混凝处理过程水质变化规律，构建了加药控制理论，创新研发了智能加药控制算法，实现了港口煤/矿石污水加药量智能自适应调控。构建了复合高分子絮凝沉淀-内电解/电 Fenton 耦合的港口含油污水预处理技术及关键运行参数体系，基于高通量分子生物学手段揭示了微生物群落结构响应机理，筛选并研发了港口含油污水高效降解微生物制剂，实现了港口含油污水处理站的高效稳定运行。建立了可有效表达港口生活污水生化处理过程状态变量计量关系和动力学特征的量化模型，构建了基于 ASM3

的生活污水 MBMBBR 工艺模型及数据驱动模型相融合的智能控制系统框架，基于动态差值解析，实现了冲击负荷的快速响应与运行参数的智能精准调节。

(3)散货港口雨污水收集-处理-回用全过程智能监测控制及优化调度技术。

构建了覆盖港口污水处理工艺全过程的水质水量在线监测和供水管网水压水量在线监测网络，建立了港区供水管网分级拓扑关系模型，提出了基于 LSSVM 分区管网流量预测的港区供水管网智能监测控制算法，实现了站网一体化智能监测控制。研发了气象条件、船舶到离、作业计划等多因素耦合影响下港口分散用水点需水量精细化预测神经网络模型，研发了多目标约束下港口水资源智慧调度及优化决策技术，实现了适应港口生产作业用水及时性的港口供需水快速智能匹配。发明了适用于污水收集沟的链板式全自动清淤装备，提出了集泥池优化布局方案，研发了基于集泥池水位监测的远程智能控制系统，提出了基于压滤工艺的煤/矿泥回收利用技术，解决了污水收集处理煤/矿泥规模化和资源化处置难题。

(4)散货港口雨污水资源化利用智能动态管控系统。

基于港口雨污水资源化利用的关键控制节点与流程识别，采用聚类分析方法开发设计了港口水源多要素特征实体关联模型与监测数据存储表，结合物联网、动态规划等技术，构建了煤/矿石污水、含油污水、生活污水、压舱水等各类水源多源异构监测数据融合规范与异常数据校正方法，开发了基于三维可视化交互层的"来水—净水—储水—调水—用水"一体化智慧管控平台，实现了多元信息全覆盖、跨部门协同联动的散货港口雨污水资源化高效利用智能动态管控。

7.2　展　　望

(1)提升港口环境监测的精准化水平是实现港口精准治污的基础，未来将进一步融合物联网、大数据、人工智能等先进技术，构建覆盖散货港口雨污水收集、处理、回用全过程的高精度、多维度水质水量监测系统，为污水处理的精准控制和优化提供数据支持。

(2)提升港口环境治理的智慧化水平是实现港口精准治污的重要支撑，未来将以港口雨污水实时监测数据为基础，进一步运用机器学习算法进行数据分析与预测，实现水污染控制的智能识别与预警，通过基于环境监测数据的联动控制系统，支撑实现散货港口雨污水治理系统的稳定运行和智慧运维。

(3)提升港口雨污水资源化利用水平是实现港口精准治污并再生利用的解

决方案，未来将进一步研究提升散货港口雨污水的收集再利用技术，完善雨污水资源化利用全过程智能监测控制、调度和优化决策系统，推动港口可持续发展，提升港口综合竞争力。

（4）散货港口雨污水资源化利用综合管控系统的核心在于一体化和业务化，未来将进一步开放数据接口，扩展完善港口可回用水资源智能管理与决策支持一体化平台，与港区管理的其他模块互联对接（如作业系统、安全系统等），促进多部门信息共享，共同推动港口环境的持续改善。

参 考 文 献

[1] 刘慧芳. 港口污水处理现状及建议[J]. 水运工程, 2009, (4): 103-105, 112.

[2] 张广元. 现代煤炭港口污水循环利用技术的应用与展望[J]. 内蒙古煤炭经济, 2021, (17): 128, 129.

[3] 侯荣华, 刘克宁. 港口建设项目环境影响因素的确定及其危害的评价[J]. 水运工程, 2007, (3): 1-7.

[4] 王晓雪. 港口含油污水生化处理技术研究及应用[D]. 长沙: 长沙理工大学, 2009.

[5] 黄勇, 姚红良. 环鄱阳湖区港口建设污染治理技术与对策研究[C]//促进中部崛起专家论坛, 鄱阳湖生态经济区建设与现代水利专题论坛论文集, 2010.

[6] 张拨. 生物处理港口含油污水的标准化技术研究[J]. 中国标准化, 2017, (20): 59, 60.

[7] 张自强, 赖耀辉, 武守元. 港口工业区污水循环利用技术探讨[J]. 港工技术, 2017, 54(2): 72-74.

[8] 林雪. 港口污水处理现状及建议探究[J]. 山东工业技术, 2019, (3): 46.

[9] 董良飞. 船舶生活污水污染特征及控制对策研究[D]. 西安: 西安建筑科技大学, 2005.

[10] 冯会民. 天津港船舶生活污水治理研究[D]. 天津: 天津财经大学, 2021.

[11] 武强, 王志强, 叶思源, 等. 混凝-微滤膜分离技术在矿井水处理与回用中的试验研究[J]. 煤炭学报, 2004, 29(5): 581-584.

[12] 朱一梅, 褚国红. 化学混凝法处理港口煤粉(矿石)污水试验研究及应用[J]. 交通环保, 2002, 23(6): 20, 21, 28.

[13] 李兵. 港区煤污水处理工艺研究[J]. 工程建设与设计, 2014, (5): 134-136.

[14] 张建成, 刘利波. 混凝剂在选煤厂煤泥水处理中的应用及机理研究[J]. 中国煤炭, 2018, 44(1): 89-93.

[15] 李明, 张东杰, 章晋英, 等. 絮凝剂与凝聚剂在选煤厂煤泥水处理中的应用[J]. 安徽化工, 2010, 36(4): 32-34.

[16] 王剑平. 聚合氯化铝铁絮凝剂处理含铅废水最佳条件研究[J]. 河南科学, 2016, 34(6): 875-877.

[17] 李福勤, 贾玉丽, 孟立, 等. 高悬浮物矿井水混凝试验及应用[J]. 能源环境保护, 2016, 30(3): 20-22.

[18] 马永梅. 煤泥水处理方法的研究[J]. 煤炭科学技术, 2007, (5): 80-83.

[19] 陶群, 蒋家慕, 江明东, 等. 采用凝聚剂、絮凝剂配合添加技术强化细煤泥沉降[J]. 煤质技术, 2005, (S1): 19-22.

[20] 徐子利. 门克庆煤矿选煤厂煤泥水智能加药系统研究与应用[J]. 煤炭加工与综合利用, 2022, (12): 9-13.

[21] Arnold B J, Aplan F F. The effect of clay slimes on coal flotation, part Ⅱ: The role of water quality[J]. International Journal of Mineral Processing, 1986, 17(3-4): 243-260.

[22] 李孟婷. 水质和药剂制度对煤泥水沉降的影响[D]. 合肥: 安徽理工大学, 2013.

[23] Moosai R, Dawe R A. Gas attachment of oil droplets for gas flotation for oily wastewater cleanup[J]. Separation and Purification Technology, 2003, 33(3): 303-314.

[24] Rubio J, Souza M L, Smith R. Overview of flotation as a wastewater treatment technique[J]. Minerals Engineering, 2002, 15(3): 139-155.

[25] 唐善法, 刘芬. 气浮技术处理聚合物驱含油污水研究[J]. 石油天然气学报, 2006, 28(4): 131-133, 446.

[26] Li X, Liu J, Wang Y, et al. Separation of oil from wastewater by column flotation[J]. Journal of China University of Mining and Technology, 2007, 17(4): 546-551, 577.

[27] Hami M L, Al-Hashimi M A, Al-Doori M M. Effect of activated carbon on BOD and COD removal in a dissolved air flotation unit treating refinery wastewater[J]. Desalination, 2007, 216(1-3): 116-122.

[28] Ahmad A L, Sumathi S, Hameed B H. Coagulation of residue oil and suspended solid in palm oil mill effluent by chitosan, alum and PAC[J]. Chemical Engineering Journal, 2006, 118(1-2): 99-105.

[29] Zeng D, Wu J, Kennedy J F. Application of a chitosan flocculant to water treatment[J]. Carbohydrate Polymers, 2008, 71(1): 135-139.

[30] Pinotti A, Zaritzky N. Effect of aluminum sulfate and cationic polyelectrolytes on the destabilization of emulsified wastes[J]. Waste Management, 2001, 21(6): 535-542.

[31] Owen A T, Fawell P D, Swift J D. The preparation and ageing of acrylamide/acrylate copolymer flocculant solutions[J]. International Journal of Mineral Processing, 2007, 84(1-4): 3-14.

[32] Zeng Y, Yang C, Zhang J, et al. Feasibility investigation of oily wastewater treatment by combination of zinc and PAM in coagulation/flocculation[J]. Journal of Hazardous Materials, 2007, 147(3): 991-996.

[33] 蔺爱国, 刘培勇, 刘刚, 等. 膜分离技术在油田含油污水处理中的应用研究进展[J]. 工业水处理, 2006, 26(1):5-8.

[34] Tomaszewska M, Orecki A, Karakulski K. Treatment of bilge water using a combination of ultrafiltration and reverse osmosis[J]. Desalination, 2005, 185(1-3): 203-212.

[35] Hua F L, Tsang Y F, Wang Y J, et al. Performance study of ceramic microfiltration membrane for oily wastewater treatment[J]. Chemical Engineering Journal, 2007, 128(2-3): 169-175.

[36] Cañizares P, Martínez F, Lobato J, et al. Break-up of oil-in-water emulsions by electrochemical techniques[J]. Journal of Hazardous Materials, 2007, 145(1-2): 233-240.

[37] 任连锁, 郑杰. 电气浮处理含油废水技术研究与应用[J]. 小型油气藏, 2006, 11(1): 58-61.

[38] Jiang J, Graham N, André C, et al. Laboratory study of electro-coagulation-flotation for water treatment[J]. Water Research, 2002, 36(16): 4064-4078.

[39] 王东莉, 梁政. 电磁油田废水处理[J]. 设计与研究, 2006, 33(5): 13-15.

[40] 刘佳鑫, 龚萍. 电磁脉冲水处理技术在重钢浊环水系统的应用[J]. 冶金动力, 2007, (4): 59-61.

[41] Li Y, Wang F, Zhou G. Aniline degradation by eletrocatalytic oxidation[J]. Chemosphere, 2003, 53(10): 1229-1234.

[42] Feng Y J, Li X. Electro-catalytic oxidation of phenol on several metal-oxide electrodes in aqueous solution[J]. Water Research, 2003, 37(10): 2399-2407.

[43] 徐海生, 肖传发, 赵建宏, 等. 板框式电化学反应器流动规律及对反应的影响[J]. 化学反应工程与工艺, 2006, 22(1): 27-32.

[44] Kriipsalu M, Marques M, Nammari D R, et al. Bio-treatment of oily sludge: The contribution of amendment material to the content of target contaminants, and the biodegradation dynamics[J]. Journal of Hazardous Materials, 2007, 148(3): 616-622.

[45] 李恒进, 田超, 谢玉文. 油田含油废水生化处理技术研究及应用[J]. 生产与环境, 2006, 6(8): 27-29.

[46] 王亭沂, 周海刚, 毕毅, 等. 含油废水电化学绿色处理技术的应用与评价[J]. 石油工业技术监督, 2007, (1): 18-20.

[47] Benito J, Ríos G, Ortea E, et al. Design and construction of a modular pilot plant for the treatment of oil-containing wastewaters[J]. Desalination, 2002, 147(1-3): 5-10.

[48] Han M, Zhang J, Chu W, et al. Research progress and prospects of marine oily wastewater treatment: A review[J]. Water, 2019, 11(12): 2517.

[49] 秦丰菲, 魏燕杰, 李国一. 混凝沉淀-厌氧/好氧组合工艺处理港口含油废水的运行与优化[J]. 水道港口, 2019, 40(1): 113-119.

[50] Adetunji A I, Olaniran A O. Treatment of industrial oily wastewater by advanced technologies: A review[J]. Applied Water Science, 2021, 11(6): 1-19.

[51] 张元宇. 港口含油污水生物强化处理研究[D]. 天津: 天津科技大学, 2022.

[52] Amit S, Rupali G. Develpments in wastewater treatment methods[J]. Desalination, 2004, (167): 55-63.

[53] Ouafae E H, Hassan E, Antonina T A, et al. Wastewater treatment in the oasis of figuig (morocco) by facultative lagoon system: Physico-chemical and biological aspect[J]. Journal of Life Sciences, 2012, (6): 543-549.

[54] US EPA. Clean water state revolving fund programs: 2006 annual report[R]. Raleigh: EPA, 2006.

[55] 李建军. 船舶生活污水处理技术研究现状及发展趋势[J]. 轻工科技, 2012, (1): 88-90.

[56] 胡芝悦, 钟登杰, 邓胡飞, 等. 船舶生活污水处理进展及发展趋势[J]. 重庆理工大学学报
（自然科学）, 2014, 28（12）: 64-70.

[57] 杨建. 利用油轮蒸汽余热处理压载水方法的研究[D]. 大连: 大连海事大学, 2008.

[58] 张硕慧, 王倩, 郭皓, 等. 加热法处理船舶压载水对外来生物存活的影响[J]. 交通环保,
1999, 20（3）: 3.

[59] 范明康. 采用先进氧化技术（AOT）的纯净压载水系统[J]. 航海技术, 2009, （1）: 2.

[60] 范维, 李樱. 压载水公约履约相关问题[J]. 中国船检, 2017, 208（9）: 14-16.

[61] King D M, Hagan P T. Economic and logistical feasibility of port-based ballast water treatment:
a case study at the port of baltimore（USA）[R]. Baltimore: Maritime Environmental Resource
Centre, 2013.

[62] COWI A/S. Ballast water treatment in ports-Feasibility study[R]. Denmark: Danish Shipowners'
Association, 2012.

[63] Maglić L, Zec D, Frančić V. Effectiveness of a barge-based ballast water treatment system for
multi-terminal ports[J]. Promet Traffic & Transportation Scientific Journal on Traffic &
Transportation Research, 2015, 27（5）: 149610.

[64] 张乾, 宣昊, 周鹏, 等. 我国港口接收处理船舶压载水的挑战及对策[J]. 环境影响评价,
2020, 42249（6）: 47-51.

[65] 宋序彤. 可持续用水发展状况的国际比较[J]. 中国给水排水, 2008, 24（24）: 5-8.

[66] 褚俊英, 陈吉宁. 中国城市节水与污水再生利用的潜力评估与政策框架[M]. 北京: 科学出
版社, 2009.

[67] 刘亮, 李晓曦, 金圣超. 基于海绵城市理念的生态循环水系统在港口中的应用[J]. 港工技
术, 2023, 60（2）: 5-9.

[68] Wang X H, Li G Y. Application of ultrafiltration-reverse osmosis system in reclamation and
reuse of port sewage[C]//Proceedings of the International Conference on Mechanical
Engineering, Civil Engineering and Material Engineering（MECEM 2013）, Hefei, 2013.

[69] 赵立海. 港口污水处理设备及中水回用系统设计运行管理实践[J]. 港口科技, 2013, （2）:
21-23.

[70] 李云涛, 李冬冬, 陆王烨. 中水回用技术在广西北部湾港口中的应用前景[J]. 西部交通科
技, 2013, （7）: 112-115.

[71] 何中华. 基于污水处理系统在线监测仪与测试技术分析[J]. 环境与发展, 2019, 31（10）: 160,
162.

[72] 刘国宇. 污水在线监测系统的建设与使用[J]. 油气田环境保护, 2011, 21（4）: 57-59, 72.

[73] Chen W, Dong Z, Li Z, et al. Wind tunnel test of the influence of moisture on the erodibility of
loessial sandy loam soils by wind[J]. Journal of Arid Environments, 1996, 34（4）: 391-402.

[74] 张传国. 港口污水处理设备及中水回用系统的标准化设计[J]. 中国标准化, 2017, （20）:

161-162.

[75] Madakam S, Ramaswamy R, Tripathi S. Internet of Things（IoT）: A literature review[J]. Journal of Computer and Communications, 2015, 3（5）: 164-173.

[76] 郑诚. 基于数据驱动的煤泥水沉降过程智能控制研究[D]. 徐州: 中国矿业大学, 2022.

[77] 张兵锋. 浓缩与压滤过程药剂协同控制系统研究与应用[D]. 太原: 太原理工大学, 2017.

[78] 邵清, 王然风. 基于 PSO-LSSVM 的浓缩池溢流水浓度预测[J]. 中国煤炭, 2017, 43（8）: 117-120.

[79] 吴桐, 王然风, 王靖千. 基于 GSA-LSSVM 的浓缩机煤泥沉降厚度预测模型研究[J]. 煤矿机械, 2019, 40（5）: 29-31.

[80] 任浩. 基于 BP 神经网络的浓缩机药剂添加系统设计与应用[J]. 能源与节能, 2018, （12）: 178-179.

[81] 辛改芳, 汤文. 面向煤泥水自动加药控制的模糊 Neural Network 策略研究[J]. 机电信息, 2017, （9）: 28-29.

[82] Sahoo B K, De S, Meikap B C. Artificial neural network approach for rheological characteristics of coal-water slurry using microwave pre-treatment[J]. International Journal of Mining Science and Technology, 2017, 27（2）: 379-386.

[83] 种宇飞. 供水管网DMA管控下的减压阀优化布置及泵站协同压力调控技术研究[D]. 青岛: 青岛理工大学, 2021.

[84] Gao J, Qi S, Wu W, et al. Leakage control of multi-source water distribution system by optimal pump schedule[J]. Procedia Engineering, 2014, 70: 698-706.

[85] Germanopoulos G. A technical note on the inclusion of pressure dependent demand and leakage terms in water supply network models[J]. Civil Engineering Systems, 1985, 2（3）: 171-179.

[86] 刘冬明. 供水管网压力调控系统的建模与优化[D]. 上海: 上海交通大学, 2019.

[87] 向小宇. 供水管网压力控制系统设计及性能分析[D]. 长沙: 湖南大学, 2014.

[88] 于冰. 缺水城市多水源供水管理的系统分析方法与应用研究[D]. 大连: 大连理工大学, 2019.

[89] Tabari M R, Soltani J. Multi-objective optimal model for conjunctive use management using SGAs and NSGA-II models[J]. Water Resources Management, 2013, 27（1）: 37-53.

[90] Vieira J, Cunha M C, Nunes L, et al. Optimization of the operation of large-scale multisourcewater-supply systems[J]. Journal of Water Resources Planning and Management, 2011, 137（2）: 150-161.

[91] A1-Zahrani M, Musa A, Chowdhury S. Multi-objective optimization model for water resource management: A case study for Riyadh, Saudi Arabia[J]. Environment, Development and Sustainability, 2016, 18（3）: 777-798.

[92] 韩雁, 许士国. 城市多水源多用户合理配置研究[J]. 辽宁工程技术大学学报, 2005, （5）:

649-652.

[93] 梁国华, 何斌, 陆宇峰. 大连市多种水源对水资源配置的影响分析[J]. 水电能源科学, 2008, （6）: 29-32.

[94] 高秀山. 火电厂循环冷却水处理[M]. 北京: 中国电力出版社, 2002.

[95] 郭萌瑾. 改进 A/O 工艺处理炼化含油废水及微生物群落结构研究[D]. 北京: 中国石油大学, 2018.

[96] 王彤, 李钟毓, 康炳卿, 等. 基于管网分区流量数据的漏损检测方法研究[J]. 水电能源科学, 2023, （41）: 127-131.

[97] 于刚, 张翠艳, 王泉. 新型带式压滤机在煤泥压滤生产中的应用[J]. 煤质技术, 2007, （2）: 54-56.

[98] 徐初阳, 王少会, 聂容春, 等. 煤泥压滤工艺中助滤剂的应用研究[J]. 煤炭科学技术, 2004, （32）: 19-24.

[99] 孟亚辉. 基于多源异构的核电站取水口海生物监测技术研究[D]. 上海: 上海交通大学, 2018.

[100] 江爱晶. 水环境在线监测与评价预警系统的研制与开发[D]. 南京: 东南大学, 2017.

[101] 董建华. 三峡库区水生态环境在线监测数据智能分析与应用研究[D]. 重庆: 中国科学院重庆绿色智能技术研究院, 2018.